Daniel Basler

Unternehmensorientierte Software-Entwicklung mit Delphi

Professional Computing

Die Reihe „Professional Computing" des Verlags Vieweg richtet sich an professionelle Anwender bzw. Entwickler von IT-Produkten. Sie will praxisgerechte Lösungen für konkrete Aufgabenstellungen anbieten, die sich durch Effizienz und Kundenorientierung auszeichnen.
Unter anderem sind erschienen:

Die Feinplanung von DV-Systemen
von Georg Liebetrau

Microcontroller-Praxis
von Norbert Heesel und Werner Reichstein

Die Kunst der objektorientierten Programmierung mit C++
von Martin Aupperle

DB2 Common Server
von Heinz Axel Pürner und Beate Pürner

Objektorientierte Programmierung mit VisualSmalltalk
von Sven Tietjen und Edgar Voss

Softwarequalität durch Meßtools
von Reiner Dumke, Erik Foltin u.a.

QM-Verfahrensanweisungen für Softwarehersteller
von Dieter Burgartz und Stefan Schmitz

Die CD-ROM zum Software-Qualitätsmanagement
von Dieter Burgartz und Stefan Schmitz

Businessorientierte Programmierung mit Java
von Claudia Piemont

Methodik der Softwareentwicklung
von Hermann Kaindl, Benedikt Lutz und Peter Tippold

JSP
von Klaus Kilberth

Erfolgreiche Datenbankanwendungen mit SQL
von Jürgen Marsch und Jörg Fritze

Softwaretechnik mit Ada 95
von Manfred Nagl

Unternehmensorientierte Software-Entwicklung mit Delphi
von Daniel Basler

Daniel Basler

Unternehmensorientierte Software-Entwicklung mit Delphi

Anwendungsentwicklung,
betriebliche Informationssysteme,
Intra- und Internet

Die Deutsche Bibliothek – CIP-Einheitsaufnahme

Basler, Daniel:
Unternehmensorientierte Software-Entwicklung mit Delphi:
Anwendungsentwicklung, betriebliche Informationssysteme, Intra- und
Internet/Daniel Basler. – Braunschweig; Wiesbaden: Vieweg, 1999
(Professional computing)

Der Verlag Vieweg ist ein Unternehmen der Bertelsmann Fachinformation GmbH.

http://www.vieweg.de

Höchste inhaltliche und technische Qualität unserer Produkte ist unser Ziel. Bei der Produktion und Auslieferung unserer Bücher wollen wir die Umwelt schonen. Dieses Buch ist deshalb auf säurefreiem und chlorfrei gebleichtem Papier gedruckt. Die Einschweißfolie besteht aus Polyäthylen und damit aus organischen Grundstoffen, die weder bei der Herstellung noch bei der Verbrennung Schadstoffe freisetzen.

ISBN-13: 978-3-322-89223-2 e-ISBN-13: 978-3-322-89222-5
DOI: 10.1007/ 978-3-322-89222-5

Vorwort

Dieses Buch will Ihnen aufzeigen, wie Sie mit der Programmiersprache Delphi betriebliche Rohdaten in nutzbare Informationen umwandeln. Dazu wird beschreiben, wie man Programme nach festen Prinzipien und Regeln entwickelt. Damit ist es Ihnen als Leser möglich, flexible und effektive Informationssysteme zeitsparend und kostengünstig zu realisieren. Denn es gilt die Maxime: Information ist Geld.

Daher ist dieses Buch nicht wie die üblichen Programmierbücher geschrieben, die voraussetzen, dass der Leser keine oder nur sehr geringe Vorkenntnisse im Programmieren hat.

Es werden in diesem Buch keine weitschweifenden Erklärungen über bestimmte Grundbegriffe wie Variablen, Schleifen usw. abgegeben.

Der hier angesprochene Leser erfährt etwas über dynamische Datenstrukturen, lineare Listen und binäre Bäume sowie Sortieralgorithmen und Datenbankzugriffe, um schnelle Programme und leistungsfähige Datenanalyse- und Informationssysteme in Delphi entwickeln zu können. Weiterhin finden Sie Grundlagenwissen zu den Themen Internet und Intranet.

Getestet und entwickelt wurden die hier aufgeführten Programme mit Delphi 4.0 unter den Betriebssystemen Windows 98, 95 und NT. Es wurde außerdem darauf geachtet, dass die Programme und die eingesetzten Verfahren mit kleinen Änderungen auch unter der Version 3.xx implementiert werden kann.

Viel Erfolg bei der Applikationsentwicklung mit Delphi.

Daniel Basler

im Mai '99

Einleitung

Das Buch „Unternehmensorientierte SW-Entwicklung mit Delphi" will Ihnen schrittweise aufzeigen, wie Sie betriebliche Rohdaten in Informationen umwandeln.

Es zeigt Ihnen auch wie Sie Programme nach festen Regeln entwickeln, damit diese dann zeitsparend, kostengünstig und effektiv entworfen werden können.

Um von diesem Buch zu profitieren, sollten Sie sich schon ein wenig mit der Programmiersprache Delphi bzw. Object Pascal auskennen. Sollte das nicht der Fall sein, so legen Sie dieses Buch noch einmal bei Seite.

Allgemeinere Informationen über Delphi und Object Pascal erhalten Sie beispielsweise in „Delphi Essentials", das ebenfalls im Vieweg Verlag erschienen ist.

Das Buch „Unternehmensorientierte SW-Entwicklung mit Delphi" ist in drei Teile A bis C gegliedert, die im Folgenden kurz vorgestellt werden.

Teil A: Grundlagen der Softwareentwicklung

Teil A zeigt kurz und prägnant die visuelle Entwicklungsumgebung. Dabei wird besonders auf die Arbeitsumgebung und die damit verbundenen wichtigsten Komponenten sowie die Entwicklung von Komponenten und das Erstellen von Reports eingegangen. Weiterhin beschäftigt sich Teil A intensiv mit der Vorgehensweise bei der Softwareentwicklung.

Teil B: Programmierpraxis

Nachdem Sie sich mit der Entwicklungsumgebung vertraut und die Grundlagen der Softwareentwicklung erarbeitet haben, geht es im Teil B um die Entwicklung von Informationssystemen und die Besonderheiten der Programmierung und Datenbanktechniken. Hier werden fortgeschrittenere Themen zum Aufbau und Entwurf erläutert.

Weiterhin werden die Themen Datenbankzugriff und Nachrichtenverkehr behandelt. Es werden auch Hilfestellungen in Bezug auf rekursive Programmierung, lineare Listen, binäre Bäume und die daraus resultierenden allgemeinen Sortieralgorithmen aufgezeigt.

Teil C: Anwendungsentwicklung

Teil C beschäftigt sich mit der Entwicklung von businessorientierten Anwendungen für die gängigen Standardanwendungen wie z.B. Bestellverwaltung oder Lagerberechnung. Kapitel 9 beschäftigt sich mit Musteranwendungen im Intra- und Internet. Für das Kapitel 9 benötigen Sie jedoch mindestens die Professional-Version von Delphi.

Ausblick

Nach dem Studium dieses Buches werden Sie wissen, welche Faktoren bei der unternehmensorientierten SW-Entwicklung zu beachten sind, damit Ihre Anwendung schnell und effektiv für den User einsetzbar ist.

Online-Service

Es stehen Ihnen alle in diesem Buch beschriebenen Projekte auf der Internetseite http://www.BaslerNet.de zum Download zur Verfügung. Die Dateien sind dort gepackt und nehmen insgesamt ungepackt ca. 10 MByte an Speicherplatz auf Ihrer Festplatte ein.

Alle im Buch besprochenen Dateien verweisen dabei auf einen Ordner mit dem Namen *Daten* auf der Festplatte *C:* Ihres Computers.

Richten Sie daher einen entsprechenden Ordner mit dem Namen Daten mittels des Windows-Explorers ein und entpacken Sie die Datei.

Sollten Sie den Ordner anders benennen, so ändern Sie bitte auch die Bezeichnung in den entsprechenden Beispielen ab.

Inhaltsverzeichnis

Teil A
Grundlagen der Softwareentwicklung

1. Delphi Grundlagen

1.1 Die Entwicklungsumgebung und Komponenten

Das erste Kapitel zeigt die wichtigsten Komponenten und deren Bedeutung in sehr konzentrierter Form. Diese Kapitel dient daher nicht als Einführung in die Entwicklungsumgebung von Delphi. Es soll nur noch einmal schnell und effektiv die wichtigsten Komponenten und Ihre Eigenschaften zur Softwareentwicklung in Erinnerung rufen und Ihnen bei der Programmentwicklung als schnelle Übersicht und Nachschlagewerk zur Seite stehen.

Dabei wird kurz die visuelle Entwicklungsumgebung von Delphi vorgestellt, danach werden die Komponenten sowie Ihre wichtigsten Eigenschaften zur Anwendungsentwicklung dargestellt. Weiterhin wird in Kapitel 2 und 3 gezeigt, wie man eigene Komponenten und Reports erstellen beziehungsweise entwickeln kann.

Grundkenntnisse

Es wird davon ausgegangen, dass Grundkenntnisse für die Entwicklung von Pascal bereits vorliegen und auch Delphi bekannt ist.

1.2 Die visuelle Entwicklungsumgebung

In den folgenden Kapiteln tauchen immer wieder Bezeichnungen zu der integrierten Entwicklungsumgebung von Delphi, kurz IDE (Integrated Development Environment) genannt auf. Zum besseren Verständnis dieser Begriffe hier vorab die Struktur der Delphi IDE und der entsprechenden wichtigsten Komponenten für die Standard-Softwareentwicklung.

Delphi

Nach dem Aufruf von Delphi erscheint die Entwicklungsumgebung etwa wie in Abbildung 1.1 dargestellt mit den vier Fenstern der IDE. Die Ansichten der IDE der Versionen Standard, Professional und Client / Server weichen etwas voneinander ab.

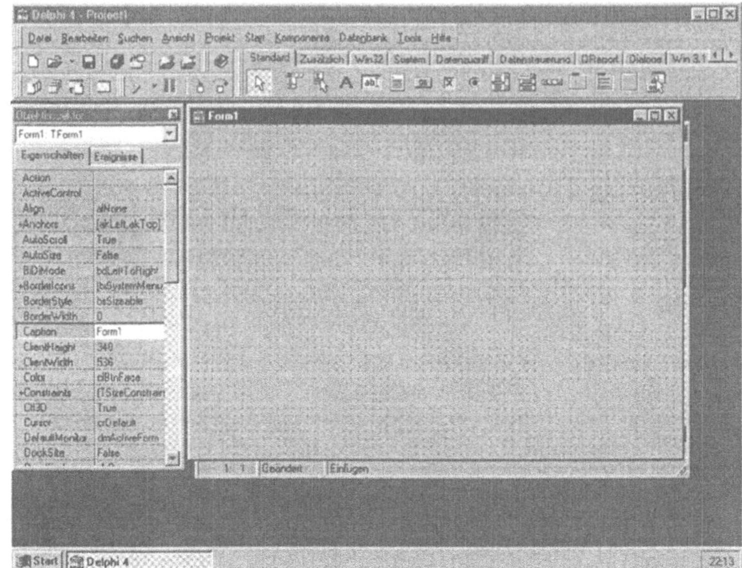

Abb. 1.1 Die Entwicklungsumgebung

Die Fenster setzen sich im Folgenden zusammen aus:

Hauptfenster

- Einem Hauptfenster, über das die IDE gesteuert wird. Hier wird auch eine Palette zur Verfügung gestellt, in der Sie eine Vielzahl vorgefertigter Komponenten finden, die Sie in Ihrer Anwendung einsetzen können.

Formular

- Das leere Formular, im üblichen Fall das Hauptfenster Ihrer Applikation, bildet den Ausgangspunkt für die eigentliche Benutzeroberfläche der Applikation. Dabei kann sich eine Applikation auch aus sehr vielen Formularen zusammensetzen.

Objektinspektor

- Mit Hilfe des Objektinspektors lassen sich die Eigenschaften der Formulare und Komponenten ändern bzw. zuweisen. Weiterhin ist es möglich, Ereignisbehandlungsroutinen in den Quelltexteditor einzufügen.

Quelltexteditor und Code-Explorer

- Der Quelltexteditor dient zur Aufnahme des Programmcodes, den Sie für Ihre Applikation benötigen. Der Code-Explorer in den Versionen 4.0 Professional und Client / Server zeigt Ihnen den Quelltext im Überblick und führt Sie somit sehr schnell zu einer bestimmten Stelle im Quellcode.

1.2.1 Das Hauptfenster von Delphi

Im oberen Bildschirmbereich befindet sich das Hauptfenster von Delphi wie in Abbildung 1.2 dargestellt. Mit diesem wird die Koordination der Zusammenarbeit der einzelnen Fenster gewährleistet.

Abb. 1.2 Das Hauptfenster

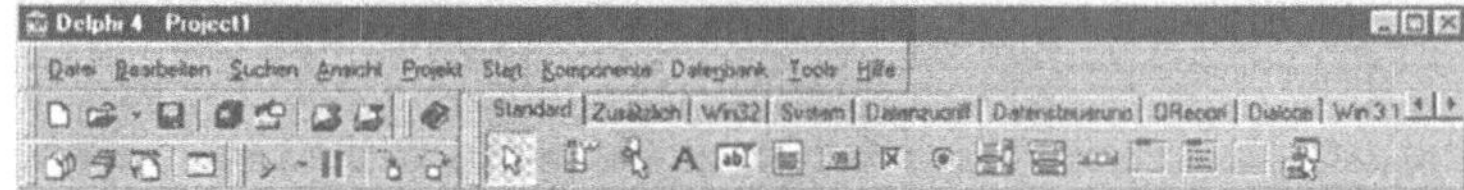

Das Hauptfenster setzt sich dabei

- aus der Menüleiste
- der Symbolleiste, die bei Delphi als Speedbuttons bezeichnet wird
- sowie der Komponentenpalette

zusammen.

Unter den Delphi-Menüpunkten finden Sie alle wichtigen Menükommandos, die Sie zur Anwendungsentwicklung benötigen. Viele davon sind Ihnen als Windows-Anwender sicherlich vertraut. Sollten Sie noch nicht allzuviel Erfahrung mit der IDE von Delphi haben, so brauchen Sie jetzt nicht zurückzuschrecken, viele der Menüs sind selbsterklärend. Außerdem werden die einzelnen Menükommandos, die benötigt werden, bei der Entwicklung der Programme vorgestellt.

Speedbar

Die Speedbar (Speedbuttons) beinhalten in Delphi 4.0 je 16 Knöpfe mit Symbolen.

Abb. 1.3 Speedbar

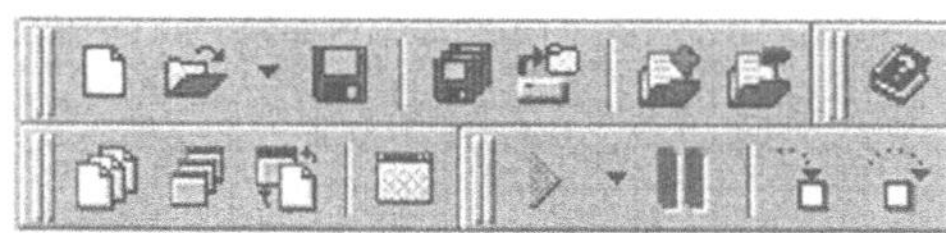

Setzen Sie, wie in Windows üblich, den Mauszeiger auf eines dieser Symbole, so erscheint ein entsprechendes Hilfe-Fähnchen. Mit dem ersten Symbol können Sie z.B. die Objektgalerie von Delphi öffnen, um ein Formular, eine Projektschablone oder einen Experten auszuwählen.

Die Komponentenpalette

In der Komponentenpalette finden Sie die Komponenten vor, die Sie mit Hilfe der Tastatur oder der Maus zu Ihren Formularen hinzufügen.

Abb. 1.4 Komponentenpalette

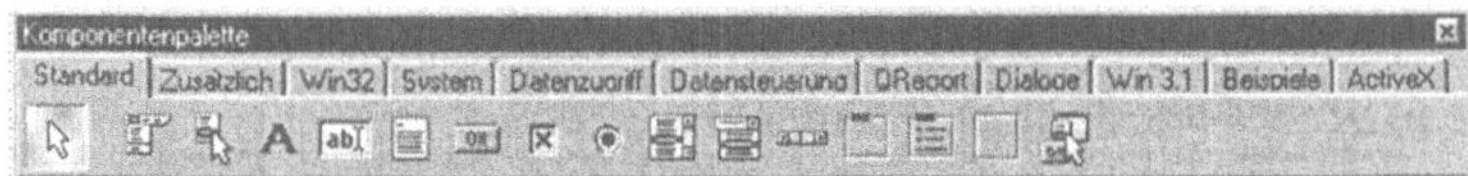

Dabei haben die Komponenten eine zentrale Bedeutung für die Programmentwicklung. Mehr darüber erfahren Sie im Abschnitt 1.3 Komponenten. Beachten Sie bitte, dass die Komponenten in einzelne Registerseiten unterteilt und mit einer bestimmten Funktionalität zu Gruppen zusammengefaßt wurden. Dies erleichtert das Finden von Komponenten bei der Programmentwicklung ungemein.

1.2.2 Das Formularfenster

Das Formular, wie in Abbildung 1.4 dargestellt, ermöglicht Ihnen die Aufnahme der Komponenten.

Abb 1.5 Formularfenster

Da dieses Formular ein Window darstellt, bildet es den Ausgangspunkt für die Benutzeroberfläche Ihrer Anwendung. Daher finden Sie auch links oben im Delphi-Symbol das Systemmenü und rechts die drei Knöpfe zum Verkleinern, Vergrößern und Schließen.

Das Fenster kann auch wie bei Windows üblich mit der Titelzeile bewegt oder mit der Maus vergrößert beziehungsweise verkleinert werden.

1.2.3 Der Objektinspektor

Mit dem Objektinspektor, in der linken Bildhälfte zu finden, werden die Eigenschaften der Komponenten, die von Ihnen aus der Komponentenpalette auf das Formular gesetzt worden sind, eingestellt.

Abb 1.6 Objektinspektor

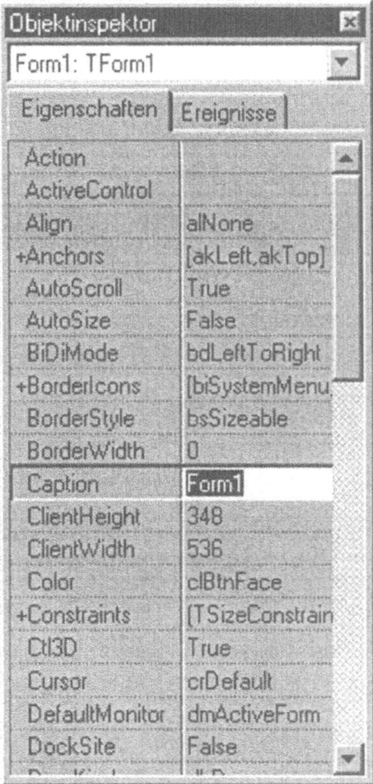

Der Objektinspektor besteht im Wesentlichen aus drei Bestandteilen:

- dem Objektselektor, das ist die Auswahlliste, mit deren Hilfe Sie das Objekt bzw. die Komponente selektieren können.

- das Register Eigenschaften, das es Ihnen ermöglicht, die Eigenschaften wie Größe, Schriftart oder Anzeigenamen des Objektes zu verändern.
- das Register Ereignisse, erlaubt es Ihnen, über eine Nachricht an das Objekt, eine gewünschte Reaktion auszuführen.

Mehr über die speziellen Eigenschaften und Ereignisse der Komponenten finden Sie in den entsprechenden Abschnitten zur Programmierung der Anwendungen mit Delphi.

1.2.4 Quelltexteditor

Der Quelltexteditor wird fast vollständig vom Formularfenster verdeckt. Der Quelltexteditor ermöglicht die Eingabe, Bearbeitung und Speicherung von Pascal Code.

Abb 1.7 Quelltexteditor

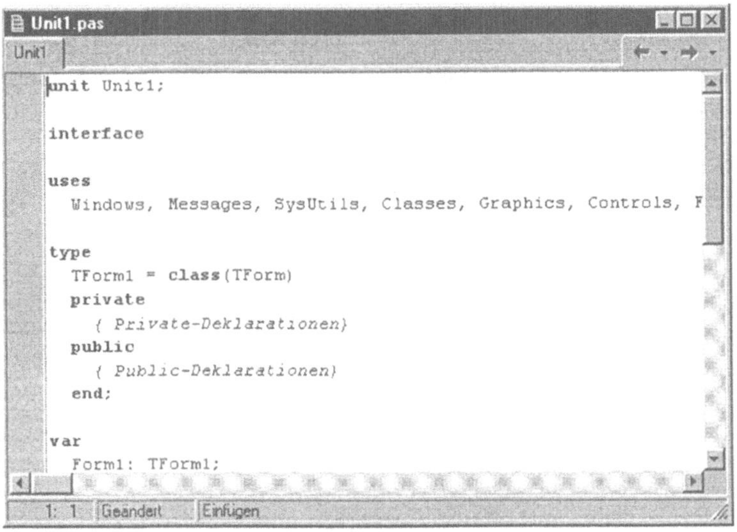

```
Unit1.pas
Unit1

unit Unit1;

interface

uses
  Windows, Messages, SysUtils, Classes, Graphics, Controls, F

type
  TForm1 = class(TForm)
  private
    { Private-Deklarationen}
  public
    { Public-Deklarationen}
  end;

var
  Form1: TForm1;

1: 1   Geändert   Einfügen
```

Mit der Delphi Version 4.0 Professional und Client / Server verfügt der Quelltexteditor über einen sogenannten Code-Explorer. Dieser zeigt Ihnen den Quelltext im Überblick und führt Sie somit sehr schnell zu einer bestimmten Stelle.

1.3 Delphi-Komponenten

Da die Komponenten die wichtigsten Bausteine einer Delphi-Anwendung sind, wird im Folgendem der Umgang mit den wichtigsten Komponenten aus der VCL (Visual Component Library) also der Bibliothek der visuellen Komponenten näher erläutert.

Dabei lassen sich die Komponenten von Delphi erst einmal grob in zwei wesentliche Klassen unterteilen:

- Sichtbare Komponenten bzw. visuelle Komponenten
- Unsichtbare Komponenten

Sichtbare Komponenten

Mit sichtbare bzw. visuelle Komponenten sind alle Komponenten gemeint, die sich innerhalb eines Formulars anordnen lassen und die zur Laufzeit der Delphi-Applikation sichtbar sind.

Diese Komponenten stellen letztendlich die Benutzerkommunikation mit dem User der Anwendung dar. Zu den sichtbaren Komponenten zählen daher unter anderem Schalter, Fenster, Menüs, Schieberegler, aber auch 3D-Rahmen, Bitmap Flächen und statische Textfelder.

Unsichtbare Komponenten

Unsichtbare Komponenten, auch nicht visuelle Komponenten genannt, sind dagegen nur zum Entwurfzeitpunkt sichtbar, dass heißt also nur bei der Entwicklung der Applikation für den Programmierer. Zur Laufzeit der Anwendung treten Sie für den User nicht mehr in Erscheinung.

Dazu zählen zum Beispiel die MainMenü-Komponente, mit der man das Hauptmenü einer Anwendung erstellt. Diese Komponente ist nur in der Entwurfsphase als Symbol auf dem Formular zu sehen. In diese Kategorie der unsichtbaren Komponenten gehört auch die Timer-Komponente aus der Komponenten-Seite System.

Darüber hinaus verfügt Delphi über bestimmte Komponenten für die Datenbankbearbeitung sowie über Steuerungskomponenten für die Anwendung selbst.

In der Professional und Client / Server-Version finden Sie auch Komponenten zum Internet und HMTL. Mehr Informationen zu diesen speziellen Komponenten erhalten Sie im Kapitel 9.

Da wie erläutert die Komponenten die Bausteine jeder Delphi-Applikation darstellen, besitzen Sie damit bestimmte Merkmale zur Steuerung der Applikation.

Dazu zählen die aus der objektorientierten Programmierung bekannten Eigenschaften, Methoden und Ereignisse zum Austausch von Nachrichten unter den Objekten. Nachfolgend finden Sie daher die am häufigsten verwendeten Komponenten und deren wichtigste Eigenschaften.

1.3.1 Die wichtigsten Komponenten

Da bei der Vielzahl der verschiedenen verfügbaren Komponenten der Neuling in Delphi sehr leicht den Überblick verlieren kann, werden die wichtigsten Komponenten der folgenden Registerseiten kurz erläutert:

- Standard
- Zusätzlich
- Win32
- Dialoge

Die jetzt noch nicht aufgeführten Komponenten wie Datensteuerung, QReports oder Internet werden in den speziell dafür vorgesehenen Kapiteln erläutert.

1.3.2 Komponenten der Seite Standard

Auf der Standardseite der Komponentenpalette finden Sie alle Komponenten der Standardsteuerelemente der Windows-Oberfläche für Ihre Delphi-Applikation.

Darunter fallen zum Beispiel die Komponente zum Entwickeln eines Hauptmenüs im Formular, wie auch eine zur Erstellung einer Eingabezeile oder eines Memofeldes. Auch Checkboxen, Listboxen und Buttons finden Sie auf dieser Seite.

Jede Seite der Komponetenpalette besitzt als erstes Symbol immer einen Pfeil. Dieser Pfeil ist immer selektiert, wenn keine Komponente auf der Seite markiert ist. Er symbolisiert, dass sich das Formular im Bearbeitungsmodus befindet. Haben Sie eine Komponente markiert, so führt ein Mausklick auf dem Formularfenster dazu, dass die gewählte Komponente eingefügt wird.

Aktivieren Sie danach wieder den Pfeil, so können Sie die auf einem Formular enthaltenen Komponenten selektieren, anstatt weitere Komponenten einzufügen.

MainMenu

Die Komponente MainMenu erlaubt die Erstellung eines Menüs im Formular. Beachten Sie bitte dabei, dass jedes Formular nur eine Komponente vom Typ MainMenu verwenden kann. Die einzelnen Menüpunkte werden mit Hilfe des Menüdesigners erstellt.

Klasse, Unit und Eigenschaft

Klasse	Unit	Eigenschaft	Bemerkung
TMainMenu	Menus	AutoMerge	Menüs aus verschiedenen Formularen
		Merge	können zusammengeführt werden

PopupMenu

Mit der PopupMenu Komponente können Sie ein Menü erzeugen, das an einer beliebigen Stelle innerhalb des Fensters dargestellt werden kann. Der Aufruf in der Applikation erfolgt über die rechte Maustaste. Sie brauchen lediglich einer beliebigen Komponente unter Eigenschaft PopupMenu das gewünschte PopupMenu einzutragen.

Klasse, Unit und Eigenschaft

Klasse	Unit	Eigenschaft	Bemerkung
TPopupMenu	Menus	Items	Mit dieser Eigenschaft werden bestimmte Menüelemente angesprochen
		AutoPopup	Setzt man diese Eigenschaft auf True, so wird das Popup-Menü nach dem Anklicken mit der rechten Maustaste angezeigt

Label

Die Komponente Label dient dazu, Text anzuzeigen, ermöglicht aber auch die Aktivierung einer anderen Komponente.

Klasse, Unit und Eigenschaften

Klasse	Unit	Eigenschaft	Bemerkung
TLabel	StdCtrls	Alignment	Diese Eigenschaft legt die Ausrichtung im Label fest
		AutoSize	Ist diese Eigenschaft True, so verändert sich die Größe des Labels automatisch mit der Größe des Fensters.
		Caption	Diese Eigenschaft bestimmt den Text des Labels.
		WordWrap	Ist diese Eigenschaft True, so ist der Textumbruch eingeschaltet.

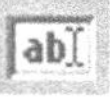

Edit

Die Komponente Edit repräsentiert ein Eingabefeld. Der Anwender hat hier die Möglichkeit Daten ohne Eingabeprüfung einzugeben.

Klasse, Unit und Eigenschaften

Klasse	Unit	Eigenschaft	Bemerkung
TEdit	StdCtrls	AutoSelect	Der Text wird im Editierfenster automatisch selektiert.
		OnChange	Hiermit kann festgestellt werden, ob sich der Wert von Text geändert hat.
		Text	Beinhaltet den aktuell vorhandenen Text im Editierfenster.

Memo

Über die Komponente Memo kann ein mehrzeiliger Text verarbeitet werden. Dieses Feld kann sowohl als Ein- bzw. Ausgabefeld bereitgestellt werden.

Klasse, Unit und Eigenschaften

Klasse	Unit	Eigenschaft	Bemerkung
TMemo	StdCtrls	Alignment	Diese Eigenschaft legt die Ausrichtung im Label fest.
		Lines	Über diese Eigenschaft kann eine beliebige Textzeile erreicht werden.
		Text	Beinhaltet den aktuell vorhandenen Text.
		WordWrap	Ist diese Eigenschaft True, so ist der Textumbruch eingeschaltet.

Button

Die Komponente Button fügt einen Schalter ein, bei dessen Betätigung eine bestimmte Aktion ausgelöst wird.

Klasse, Unit und Eigenschaften

Klasse	Unit	Eigenschaft	Bemerkung
TButton	StdCtrls	Cancel	Ist diese Eigenschaft True, so ist der Schalter als Abbruchschalter definiert.
		Caption	Bestimmt den Text auf dem Schalter.

CheckBox

Über die Komponente CheckBox kann der Anwender eine Option in einem Markierungsfeld auswählen oder die Markierung aufheben, um die Auswahl der Option zurückzunehmen. Beachten Sie bitte, dass bei CheckBox jedes einzelne Steuerelement in der Gruppe markiert werden kann, ohne dass dies auf die anderen Optionen eine Auswirkung hat.

Klasse, Unit und Eigenschaften

Klasse	Unit	Eigenschaft	Bemerkung
TCheckBox	StdCtrls	Checked	Der Wert dieser Eigenschaft ändert sich, wenn ein Markierungsfeld markiert ist.
		Caption	Legt den Text des Markierungsfeldes fest.
		Enabled	Ist diese Eigenschaft False, so kann der Anwender das Markierungsfeld nicht ändern.
		State	Legt fest, ob das Markierungsfeld markiert, unmarkiert oder grau ist.

RadioButton

Die Komponente RadioButton bildet eine Optionsschaltfläche von Windows. Das bedeutet, dass der Anwender in einer Optionsfeld-Gruppe immer nur ein Steuerelement auswählen kann.

Klasse, Unit und Eigenschaften

Klasse	Unit	Eigenschaft	Bemerkung
TRadioButton	StdCtrls	Alignment	Legt fest, ob der Text links oder rechts vom Schaltfeld dargestellt wird.
		Caption	Legt den Text, der dem Schaltfeld zugeordnet ist, fest.

ListBox

Die ListBox bietet dem Anwender die Möglichkeit, aus einer Liste einen oder mehrere Einträge auszuwählen. Da die ListBox über eine Bildlaufleiste verfügt, die sich am rechten Rand befindet, kann man nur einen Teil der Liste anzeigen lassen, während man auf die anderen Einträge durch Benutzung der Bildlaufleiste zugreifen kann.

Klasse, Unit, Eigenschaften

Klasse	Unit	Eigenschaft	Bemerkung
TListBox	StdCtrls	Items	Diese Eigenschaft stellt den Wert der Liste dar.
		Selected	Gibt Auskunft darüber, ob ein Element ausgewählt worden ist.
		Sorted	Ermöglicht die Sortierung der Listenelemente.

ComboBox

Die ComboBox kombiniert die beiden Komponenten Edit sowie ListBox zu einem neuen Steuerelement. Mit der ComboBox bieten Sie dem Anwender die Möglichkeit, einen Text neu einzugeben oder einen Eintrag aus einer vorgegebenen Liste auszuwählen.

Klasse, Unit und Eigenschaften

Klasse	Unit	Eigenschaft	Bemerkung
TComboBox	StdCtrls	Items	Diese Eigenschaft stellt den Wert der Liste dar.
		ItemIndex	Gibt an, welcher Eintrag ausgewählt wurde.

Klasse	Unit	Eigenschaft	Bemerkung
		Sorted	Ermöglicht die Sortierung der Listenelemene.

ScrollBar

Die Komponente ScrollBar stellt eine Windows-Bildlaufleiste dar. Sie dient zum Blättern in einem Fenster, Formular oder Steuerelement.

Klasse, Unit und Eigenschaften

Klasse	Unit	Eigenschaft	Bemerkung
TScrollBar	StdCtrls	Min	Bestimmt, wie viele Positionen für die
		Max	Bewegung des Positionszeigers verfügbar sind.
		Position	Mit dieser Eigenschaft kann die Position des Positionszeigers gesetzt oder bestimmt werden, wie weit geblättert wurde.

GroupBox

Die Komponente GroupBox ermöglicht die Gruppierung zusammengehöriger Komponenten, meist mehrere Schalter. Beachten Sie, dass beim Aufbau eines Formulars mit der GroupBox-Komponente zuerst die GroupBox gesetzt werden muß. Danach werden die Komponenten, die in der GroupBox erscheinen sollen, angeordnet.

Klasse, Unit und Eigenschaften

Klasse	Unit	Eigenschaft	Bemerkung
TGroupBox	StdCtrls	Caption	Bezeichnet die Aufgabe der Gruppierung

Klasse	Unit	Eigenschaft	Bemerkung
		Parent	Wird ein weiteres Element in eine Gruppe gestellt, dann wird die Gruppe zum übergeordneten Element und der Wert dieser Eigenschaft ist Parent.

RadioGroup

Die Komponente RadioGroup ermöglicht den Aufbau eines Gruppenfeldes mit Schaltflächen. Wird vom Anwender ein Schaltfeld ausgewählt, so wird die vorhergehende Markierung automatisch aufgehoben.

Klasse, Unit und Eigenschaften

Klasse	Unit	Eigenschaft	Bemerkung
TRadioGroup	ExtCtrls	Items	Der Eingetragene String wird zum Titel des Schaltfeldes.
		ItemIndex	Der Wert bestimmt, welches Schaltfeld markiert ist.
		Columns	Erlaubt die Darstellung in mehreren Spalten.

Panel

Die Komponente Panel dient sowohl der optischen als auch der funktionalen Gruppierung einzelner Komponenten. Beachten Sie bitte, dass ein Panel stets vor den Komponenten eingefügt werden muss, die es aufnehmen soll.

Klasse, Unit und Eigenschaften

Klasse	Unit	Eigenschaft	Bemerkung
TPanel	ExtCtrls	Alignment	Diese Eigenschaft legt die Ausrichtung fest.
		Caption	Bezeichnet die Aufgabe des Bedienfeldes.

ActionList

Die Komponente ActionList, neu in Delphi 4, ermöglicht es Ihnen, Aktionslisten zu erstellen. Mit dieser Aktionsliste können Sie die Reaktion der Anwendung auf User-Aktionen zentral steuern.

Dies ermöglicht Ihnen eine bessere Kontrolle von Menüs und Symbolleisten.

Klasse, Unit und Eigenschaften

Klasse	Unit	Eigenschaft	Bemerkung
TActionList	ActnList	ActionCount	Enthält die Auswahl der Aktionen in der Liste.
		Actions	Enthält eine indizierte Liste von Aktionsobjekten.

1.3.3 Komponenten der Seite Zusätzlich

Auf der Seite Zusätzlich sind Komponenten untergebracht, die wesentlich spezialisierter sind als auf der Seite Standard. Hier finden Sie Komponenten zur Darstellung von Bildern, eine Auswahlbox, deren Einträge einzeln mit einem Häkchen markiert werden können, eine Chart-Komponente oder auch eine Komponente Splitter zum Erzeugen eines teilbaren Fensters.

BitBtn

Die Komponente BitBtn entspricht in Ihrer Funktionalität der Komponente Button aus der Standardseite. Allerdings kann die Komponente BitBtn zusätzlich ein Symbol (Bitmap) anzeigen, das über die Eigenschaft Glyph eingestellt wird. BitBtn steht als Abkürzung für BitMapButton.

Klasse, Unit und Eigenschaften

Klasse	Unit	Eigenschaft	Bemerkung
TBitBtn	Buttons	Kind	Mit dieser Eigenschaft können verschiedene vordefinierte Bitmap-Schalter ausgewählt werden.
		Glyph	Mit dieser Eigenschaft wird der Bildeditor aufgerufen.

SpeedButton

Die Komponente SpeedButton stellt einen Schalter für die Anzeige einer Bitmap zur Verfügung. Die SpeedButton-Komponente kann daher beispielsweise in die Symbolleiste integriert werden. Bestes Beispiel sind die von Delphi selbst verwendeten SpeedButtons im Hauptfenster.

Klasse, Unit und Eigenschaften

Klasse	Unit	Eigenschaft	Bemerkung
TSpeedButton	Buttons	Glyph	Bestimmt die grafische Beschriftung auf dem Mauspalettenschalter.
		GroupIndex	Ermöglicht das Zusammenarbeiten von Mauspalettenschaltern.

MaskEdit

Die Komponente MaskEdit entspricht in Ihrer Funktionalität der Komponente Edit, bietet allerdings zusätzlich noch die Möglichkeit, eine Formatierungsmaske anzugeben.

Klasse, Unit und Eigenschaften

Klasse	Unit	Eigenschaft	Bemerkung
TMaskEdit	Mask	EditMask	Ruft den Eingabemaskeneditor auf
		SelText	Erlaubt das Finden und Ersetzen von markiertem Text im Editierfeld.

StringGrid

Diese Komponente ermöglicht es Ihnen, auf dem Formular eine Tabelle mit Zeilen und Spalten darzustellen.
Dabei kann jeder Zelle eine Zeichenkette zugewiesen werden.

Klasse, Unit und Eigenschaften

Klasse	Unit	Eigenschaft	Bemerkung
TStringGrid	Grids	Cells	Ermöglicht den Zugriff auf ein bestimmtes String im Gitter.
		Cols	Ermöglicht das erreichen aller Strings in einer Spalte.
		Rows	Ermöglicht das erreichen aller Strings in einer Spalte.

DrawGrid

Die Komponente DrawGrid ermöglicht die Anzeige von grafischen Daten in einer Tabelle.

Die Komponente erlaubt daher auch die Darstellung einer bereits existierenden Datenstruktur in Spalten- und Zeilenformat.

Klasse, Unit und Eigenschaften

Klasse	Unit	Eigenschaft	Bemerkung
TDrawGrid	Grids	Selection	Bestimmt, welche Zelle im Gitter selektiert wird.
		ScrollBar	Fügt Bildlaufleisten hinzu.

Image

Mit der Komponente Image haben Sie die Möglichkeit ein Bild anzuzeigen. Die Komponente unterstützt die Grafikformate Bitmaps (.BMP), Icons (.ICO) und Meta-Dateien (.WMF).

Klasse, Unit und Eigenschaften

Klasse	Unit	Eigenschaft	Bemerkung
TImage	StdCtrls	Center	Ist diese Eigenschaft True, so wird das Bild zentriert ausgerichtet.
		Picture	Der Wert dieser Eigenschaft ist das darzustellende Bild.

Shape

Die Komponente Shape zeichnet eine geometrische Figur auf das Formular. Bitte beachten Sie hierbei, dass es sich um eine Komponente ohne Fenster handelt.

Klasse, Unit und Eigenschaften

Klasse	Unit	Eigenschaft	Bemerkung
TShape	ExtCtrls	Pen	Legt die Linienart fest.
		Shape	Bestimmt die Form.

Bevel

Mit Hilfe der Komponente Bevel können Sie optische Hervorhebungen von rechteckigen Bereichen eines Dialogfensters durch Herausheben oder Absenken realisieren. Dieses Herausheben oder Absenken ist Ihnen sicherlich bekannt durch den Internet Explorer oder den Netzcape Navigator.

Klasse, Unit und Eigenschaften

Klasse	Unit	Eigenschaft	Bemerkung
TBevel	ExtCtrls	Shape	Legt fest, ob die Abschrägung als Umrahmung, Rahmen oder Linie dargestellt wird.

ScrollBox

Diese Komponente ermöglicht die Definition eines Bereichs auf dem Formular, der weitere Komponenten enthalten und mittels einer Bildlaufleiste gescrollt werden kann. Dabei verbindet die Komponente einen Containerbereich, ähnlich wie die Komponente Panel der Standardseite, mit vertikalen und horizontalen Bildlaufleisten.

Klasse, Unit und Eigenschaften

Klasse	Unit	Eigenschaft	Bemerkung
TScrollBox	Forms	HorzScrollBar	Eigenschaft des horizontalen Positionszeigers.
		VertScrollBar	Eigenschaft des horizontalen Positionszeigers.

CheckListBox

Die Komponente CheckLIstBox entspricht in Ihrer Funktionalität der Komponente ListBox, allerdings sind zusätzlich deren Einträge mit Kontrollfeldern ausgestattet.

Klasse, Unit und Eigenschaften

Klasse	Unit	Eigenschaft	Bemerkung
TCheckListBox	StdCtrls	Items	Diese Eigenschaft stellt den Wert der Liste dar.
		Selected	Gibt Auskunft darüber, ob ein Element ausgewählt worden ist.
		Sorted	Ermöglicht die Sortierung der Listenelemente.

Splitter

Die Komponente Splitter ermöglicht die Aufteilung eines Fensterinhaltes in zwei rechteckige Bereiche, deren Größe zur Laufzeit vom User geändert werden kann. Diese Funktion steht erst ab Delphi 3 zur Verfügung.

Klasse, Unit und Eigenschaften

Klasse	Unit	Eigenschaft	Bemerkung
TSplitter	ExtCtrls	Align	Bestimmt die Ausrichtung.
		Cursor	Gibt das Bild des Mauszeigers an, sobald dieser in den Bereich des Steuerelements gelangt.

StaticText

Die Komponente StaticText entspricht in Ihrer Funktionalität der Komponente Label der Standardseite.

Der Unterschied zur Label Komponente besteht darin, dass StaticText ein Fenster-Handle besitzt.

Klasse, Unit und Eigenschaften

Klasse	**Unit**	**Eigenschaft**	**Bemerkung**
TStaticLabel	StdCtrls	Alignment	Diese Eigenschaft legt die Ausrichtung im Label fest.
		AutoSize	Ist diese Eigenschaft True, so verändert sich die Größe des Labels automatisch mit der Größe des Fensters.
		Caption	Diese Eigenschaft bestimmt den Text des Labels.

ControlBar

Die Komponente ControlBar verwaltet die Anordnung der Komponenten in der Symbolleiste.

Klasse, Unit und Eigenschaft

Klasse	**Unit**	**Eigenschaft**	**Bemerkung**
TControlBar	StdCtrls	Controls	Führt alle untergeordneten Komponenten eines Steuerelements auf.
		Picture	Bezeichnet das Bild für das ControlBar-Objekt.

1.3.4 Komponenten der Seite Win32

Auf der Seite Win32 finden Sie die Komponenten, die die Fensterklassen von Windows 95, 98 und NT kapseln.

Dazu zählen zum Beispiel mehrseitige Dialoge, Kontrollelemente oder auch der Fortschrittsanzeiger genannt ProgressBar. Unter Delphi 2.0 heißt diese Seite Win95.

TabControl

Die Komponente TabControl stellt einseitige Registerzungen zur Verfügung. Dabei sieht eine Registerkarte aus wie ein Registerblatt in einem Notizblock. Für mehrseitige Dialogfelder sollten Sie unbedingt die Komponente PageControl benutzen.

Klasse, Unit und Eigenschaften

Klasse	Unit	Eigenschaft	Bemerkung
TTabControl	ComCtrls	TabIndex	Bezeichnet das ausgewählte Register.
		Tabs	Enthält die Liste der Strings, die zur Beschriftung verwendet werden.

PageControl

Die Komponente PageControl ermöglicht es Ihnen Dialogfelder aufzubauen, die aus mehreren Einzelseiten bestehen. Dabei können hier, die einzelnen Seiten über Registerzungen aktiviert werden.

Klasse, Unit und Eigenschaften

Klasse	Unit	Eigenschaft	Bemerkung
TTabControl	ComCtrls	ActivePage	Ist diese Eigenschaft gesetzt, so kann auf eine bestimmte Seite des Steuerelementes zugegriffen werden.
		PageIndex	Gibt den Index der Seite im Seitensteuerelement an.

ImageList

Die Komponente ImageList stellt einen Container für Bitmaps oder Icons der gleichen Größe dar. Dabei werden die Bitmaps oder Icons über einen Index von 0 bis n-1 angesprochen.

Klasse, Unit und Eigenschaften

Klasse	Unit	Eigenschaft	Bemerkung
TImageList	Controls	Count	Gibt die Anzahl der Bilder in der Bilderliste an.
		Width	Legt die Breite aller Bilder fest.

RichEdit

Die Komponente RichEdit erlaubt den Zeilenumbruch für ein Memofeld im RichText-Format. Dabei ist auch eine Darstellung der verschiedenen Textattributte wie fett oder kursiv möglich.

Klasse, Unit und Eigenschaften

Klasse	Unit	Eigenschaft	Bemerkung
TRichEdit	ComCtrls	Font	Ermöglicht die Einstellung der Zeichenformatierung.

TrackBar

Bei der Komponente TrackBar handelt es sich um einen Schieberegler, der innerhalb eines Bereiches hin- und hergeschoben werden kann. Dabei kann der Regler mit der Maus oder den Pfeiltasten bewegt werden. Der Anzeigebereich des Reglers kann mit Strichen versehen werden.

Klasse, Unit und Eigenschaften

Klasse	Unit	Eigenschaft	Bemerkung
TTrackBar	ComCtrls	LineSize	Legt die Anzahl der Schritte bei der Bewegung fest.

ProgressBar

Die Komponente ProgressBar stellt Ihnen einen Fortschrittanzeiger zur Verfügung.

Sie können hiermit den Anwender während eines länger dauernden Arbeitsvorgangs über den bislang erreichten Fortschritt informieren.

Klasse, Unit und Eigenschaften

Klasse	Unit	Eigenschaft	Bemerkung
TProgress Bar	ComCtrls	Step	Legt fest, um wieviel die aktuelle Position erhöht wird.

UpDown

Die Komponente UpDown biete zwei Schaltflächen wahlweise in vertikaler oder horizontaler Richtung, um den nummerischen Wert einer Eingabezeile vom Anwender erhöhen oder erniedrigen zu lassen.

Klasse, Unit und Eigenschaften

Klasse	Unit	Eigenschaft	Bemerkung
TUpDown	ComCtrls	Position	Ein Klicken auf die Schaltfläche erhöht oder verringert den nummerischen Wert der Eigenschaft.

HotKey

Die Komponente HotKey erlaubt es, eine Tastenkürzel-Eigenschaft zur Laufzeit zusetzen. In den meisten Anwendungsprogrammen wird diese Funktion auch als ShortCut definiert.

Klasse, Unit und Eigenschaften

Klasse	Unit	Eigenschaft	Bemerkung
THotKey	ComCtrls	HotKey	Setzt die Tastenkombination.
		InvalidKey	Ermöglicht die Deaktivierung verschiedener Umschalttasten.

Animate

Die Komponente Animate erlaubt es Ihnen, eine Animation in Ihr Formular einzufügen. Dabei wird im Hintergrund ein AVI-Clip abgespielt, während die Applikation normal weiterläuft.

Sie können beispielsweise über die Eigenschaft Common AVI, die Standard-AVI-Clips abspielen, die unter Windows 95, 98 und NT in der Shell32.dll enthalten sind. Dazu zählen zum Beispiel die Animation Papierkorb leeren oder von einem Ordner in den anderen kopieren.

Animate steht erst ab der Version 3.0 von Delphi zur Verfügung.

Klasse, Unit und Eigenschaften

Klasse	Unit	Eigenschaft	Bemerkung
TAnimate	ComCtrls	Active	Ist diese Eigenschaft True, so wird ein AVI-Clip abgespielt.
		CommonAVI	Diese Eigenscaft signalisiert welcher Standard-AVI-Clip abgespielt wird.

DateTimePicker

Die Komponente DateTimePicker stellt Ihnen ein Listenfeld für die Eingabe von Kalenderdaten und Uhrzeiten zur Verfügung.

Klasse, Unit und Eigenschaften

Klasse	Unit	Eigenschaft	Bemerkung
TDateTime Picker	ComCtrls	CalAlignment	Steuert die Ausrichtung des Drop-Down Kalenders.
		DateFormat	Beschreibt das Format, das ausgegeben wird.

MonthCalendar

Die Komponente MonthCalendar stellt einen unabhängigen Kalender zur Verfügung.

Hier kann der Anwender ein Datum oder Datumsbereich auswählen.

Klasse, Unit und Eigenschaften

Klasse	Unit	Eigenschaft	Bemerkung
TMonth Calendar	ComCtrls	Date	Enthält das Datum, das markiert ist.
		EndDate	Enthält das letzte Datum, das im Kalender markiert ist.

TreeView

Diese Komponente erlaubt die Anzeige von Baumstrukturen, wie sie beispielsweise im Explorer von Windows verwendet werden. Dabei können die einzelnen Punkte des Baumes über die Eigenschaft Item editiert werden.

Klasse, Unit und Eigenschaften

Klasse	Unit	Eigenschaft	Bemerkung
TTreeView	ComCtrls	Item	Enthält die individuellen Knoten.
		Sorted	Ist diese Eigenschaft True, so werden alle Elemente alphabetisch geordnet.

ListView

Die Komponente ListView liefert die Möglichkeit eine Liste anzuzeigen, wobei die Darstellung unterschiedlich gewählt werden kann.

So können Sie die Einträge spaltenweise mit Überschriften und Untereinträgen, vertikal bzw. horizontal oder mit kleinen oder großen Symbolen anzeigen lassen.

Dies Komponente ist vergleichbar mit dem Windows Explorer, um den Inhalt eines Verzeichnisses oder eines Laufwerkes darzustellen.

Klasse, Unit und Eigenschaften

Klasse	Unit	Eigenschaft	Bemerkung
TListView	ComCtrls	Columns	Fügt in der Listenansicht Spalten hinzu.
		ViewStyle	Legt fest, wie die Symbole, Überschriften oder Elemente angezeigt werden.

HeaderControl

Mit dieser Komponente kann ein Tabellenkopf erzeugt werden, den der Anwender zur Laufzeit des Programms anpassen kann. Dabei können die Überschriftenelemente links- oder rechtsbündig beziehungsweise zentriert dargestellt werden.

Klasse, Unit und Eigenschaften

Klasse	Unit	Eigenschaft	Bemerkung
THeader Control	ComCtrls	Canvas	Erlaubt zur Laufzeit den Zugriff auf die Zeichenfläche des Tabellenkopf-Steuerelements.

StatusBar

Die Komponente StatusBar erzeugt in einem Formular eine Statusleiste, um dem Anwender verschiedene Informationen mitzuteilen.

Klasse, Unit und Eigenschaften

Klasse	Unit	Eigenschaft	Bemerkung
TStatusBar	ComCtrls	Align	Legt die Position im Formular fest.
		Count	Enthält die Anzahl der Panels in der Statusleiste.

ToolBar

Die Komponente ToolBar dient als Container für Schaltflächen und Steuerelemente. Dabei werden sie in Reihen angeordnet und ihre Größe und Position automatisch angepasst.

Klasse, Unit und Eigenschaften

Klasse	Unit	Eigenschaft	Bemerkung
TToolBar	ComCtrls	ButtonCount	Legt die Anzahl der Schaltflächen fest.
		Flat	Ist diese Eigenschaft True, so wird die ToolBar transparent dargestellt.

CoolBar

Die Komponente CoolBar kann untergeordnete Steuerelemente beinhalten. Diese können unabhängig voneinander verschoben und in ihrer Größe verändert werden.

Klasse, Unit und Eigenschaften

Klasse	Unit	Eigenschaft	Bemerkung
TCoolBar	ComCtrls	Align	Bestimmt die Ausrichtung der Steuerelemente.
		Bitmap	Verweist auf ein Bild, das als Hintergrund verwendet wird.

PageScroller

Die Komponente PageScroller definiert einen Anzeigebereich für ein schmales Fenster.

Klasse, Unit und Eigenschaften

Klasse	Unit	Eigenschaft	Bemerkung
TPage Scroller	ComCtrls	Control	Bezeichnet das Steuerelement, das enthalten ist.
		Position	Bezeichnet die Bildlaufposition.

1.3.5 Komponenten der Seite Dialoge

Auf der Seite Dialoge finden Sie die typischen Windows-Standard-Dialoge, die in den meisten Anwendungen vorkommen. Dazu gehören die Dialoge wie Datei öffnen, Datei speichern oder auch der Dialog Drucken.

Um den Dialog aus der Seite anzuzeigen zu können, muss die Methode Execute aufgerufen werden.

OpenDialog

Die Komponente OpenDialog stellt ein Dialog zur Verfügung, in dem der Name der zu öffnenden Datei von einem Datenträger bestimmt werden kann.

Beachten Sie bitte, dass beim Beenden der Wert True oder False zurückgeliefert wird, je nachdem ob der Anwender den Dialog mit dem OK-Button beendet hat oder nicht.

Klasse, Unit und Eigenschaften

Klasse	Unit	Eigenschaft	Bemerkung
TOpenDialog	Dialogs	Options	Hiermit kann das Aussehen und Verhalten gestaltet werden.
		Title	Ermöglicht das Ändern der Titelzeile.

SaveDialog

Durch die Komponente SaveDialog wird für eine Applikation ein Dialogfenster zum Speichern von Daten zur Verfügung gestellt.

Klasse, Unit und Eigenschaften

Klasse	Unit	Eigenschaft	Bemerkung
TSaveDialog	Dialogs	Filter	Hiermit können sichtbare Dateien im Listenfeld ausgefiltert werden.
		Title	Ermöglicht das Ändern der Titelzeile.

OpenPictureDialog

Die Komponente OpenPictureDialog zeigt ein Dialogfeld zur Auswahl von Grafikdateien an.

Klasse, Unit und Eigenschaften

Klasse	Unit	Eigenschaft	Bemerkung
TOpen PictureDialog	Extdlgs	Files	Gibt eine Liste der ausgewählten Dateinamen zurück.

Klasse	Unit	Eigenschaft	Bemerkung
		Filter	Legt fest, welche Datenmasken im Dialogfeld verfügbar sind.

SavePictureDialog

Die Komponente SavePictureDialog zeigt zur Speicherung von Grafikdateien ein Dialogfeld Speichern unter... an.

Klasse, Unit und Eigenschaften

Klasse	Unit	Eigenschaft	Bemerkung
TOpen PictureDialog	Extdlgs	Files	Gibt eine Liste der ausgewählten Dateinamen zurück.
		Filter	Legt fest, welche Datenmasken im Dialogfeld verfügbar sind.

FontDialog

Die Komponente FontDialog stellt dem Programm ein Schriftdialogfenster zur Verfügung. Damit kann der Anwender eine Schrift auswählen und die Attribute dieser Schrift nach Wunsch einstellen.

Klasse, Unit und Eigenschaften

Klasse	Unit	Eigenschaft	Bemerkung
TFontDialog	Dialogs	Device	Angabe, auf welches Gerät sich eine Schriftänderung auswirken soll.
		Options	Hiermit kann das Aussehen und Verhalten gestaltet werden.

ColorDialog

Die Komponente ColorDialog stellt ein Dialogfenster zur Auswahl einer Farbe zur Verfügung. Der Anwender kann damit zur Laufzeit für jede Komponente die Farben und Ihre Merkmale festlegen.

Klasse, Unit und Eigenschaften

Klasse	Unit	Eigenschaft	Bemerkung
TColorDialog	Dialogs	Color	Die ausgewählte Farbe wird in dieser Eigenschaft gespeichert.

PrintDialog

Die Komponente PrintDialog stellt ein Dialogfenster zum Auflösen und Definieren eines Druckauftrages zur Verfügung. Zusätzlich kann der Anwender bestimmen, welche Seiten und wie viele Exemplare gedruckt werden sollen. Wird die Schaltfläche Einrichten im Dialogfeld betätigt, erscheint der Standarddialog Drucker einrichten.

Klasse, Unit und Eigenschaften

Klasse	Unit	Eigenschaft	Bemerkung
TPrintDialog	Dialogs	Options	Hiermit kann das Aussehen und Verhalten gestaltet werden.
		PrintToFile	Ist diese Eigenschaft True, so erfolgt die Ausgabe in eine Datei.

PrinterSetupDialog

Diese Komponente stellt das Dialogfenster bereit, in dem verschiedene Einstellungen für den gewählten Drucker vorgenommen werden können. Entweder wird das Dialogfenster, wie die anderen auch, über die Methode Execute aufgerufen oder der Anwender benutzt die Schaltfläche Setup im PrintDialog-Fenster.

Klasse, Unit und Eigenschaften

Klasse	Unit	Eigenschaft	Bemerkung
TPrinter-SetupDialog	Dialogs	Tag	Speichert eine Ganzzahl als Teil der Komponente.

FindDialog

Mit der Komponente FindDialog kann ein Dialogfenster für die Suche nach einer Zeichenkette in eine Applikation mit eingefügt werden.

Klasse, Unit und Eigenschaften

Klasse	Unit	Eigenschaft	Bemerkung
TFindDialog	Dialogs	Options	Hiermit kann das Aussehen und Verhalten gestaltet werden.
		FindText	Mit dieser Eigenschaft kann ein Suchtext vorgegeben werden.

ReplaceDialog

Mit der Komponente ReplaceDialog stellen Sie dem Anwender ein Dialogfenster für das Suchen und Ersetzen einer Zeichenkette zur Verfügung.

Klasse, Unit und Eigenschaft

Klasse	Unit	Eigenschaft	Bemerkung
TReplace Dialog	Dialogs	Options	Hiermit kann das Aussehen und Verhalten gestaltet werden.
		FindText	Mit dieser Eigenschaft kann ein Suchtext vorgegeben werden.

Neben den hier am häufigsten benutzten Komponenten stehen Ihnen in Delphi noch weitere Komponenten auf den folgenden Seiten zur Verfügung.

1.3.6 Allgemeine Komponenten-Seiten

System

Diese Komponenten-Seite beinhaltet verschiedene Systemkomponenten zum Beispiel für DDE oder OLE. Weiterhin finden Sie dort eine Timer-Komponente und einen Media-Player.

Internet

Diese Seite finden Sie unter Delphi nur in der Client / Server beziehungsweise ab Delphi 4 auch in der Professional-Version. Sie bietet eine Auswahl von Komponenten mit den verschiedenen Internet-Protokollen.

Datenzugriff

Auf der Seite finden Sie Komponenten für die Verbindung und den Zugriff auf Datenbanken. Auch Komponenten zur Datenbankabfrage stehen hier bereit.

Datensteuerung

Die Seite Datensteuerung stellt Ihnen spezialisierte Datenbank-Steuerelemente für Ihre Delphi-Anwendung bereit. Die Seite Datensteuerung beinhaltet eine Erweiterung der Seite Datenzugriff.

Midas

Die Komponenten Seite Midas steht Ihnen nur in der Client / Server Version von Delphi zur Verfügung. Sie stellt Komponenten für die Integration von mehrschichtigen Datenbankanwendungen bereit. Midas bildet die Abkürzung für Multi-tiered Distributed Application Services.

Datenanalyse

Auch die Komponenten-Seite Datenanalyse steht Ihnen nur in der Client / Server-Version zur Seite. Mit ihnen können mehrdimensionale Datenanalysen durchgeführt werden.

QReport

Die Seite QReport enthält Komponenten zur Generierung von Berichten, sogenannten Reports. Dabei können die Daten aus beliebigen Datenquellen stammen.

Win3.1

Die Seite Win3.1 enthält Komponenten, die unter Windows 3.1 verfügbar sind. Da Sie sicherlich keine Software für Windows 3.1 entwickelt müssen, können Sie diese Seite vernachlässigen.

Beispiele

Diese Seite stellt eine Registerseite für alle Komponenten zur Verfügung, die nicht direkt zum Delphi-Paket gehören, wie Sie sie zum Beispiel selbst entwickeln und in die Komponentenpalette einordnen können.

ActiveX

Bei der Seite der Komponentenpalette handelt es sich um ActiveX-Objekte. Hiermit stehen Ihnen portierbare Anwendungen von Fremdherstellern zur Verfügung.

Wie Sie erkennen können verfügt Delphi über eine sehr große Anzahl von Komponenten. Damit bilden allesamt in der Entwicklungsumgebung von Delphi verfügbaren Komponenten mit ihren unterschiedlichsten Eigenschaften und Methoden das Grundgerüst jeder Anwendungssoftware.

Es kommt aber dennoch vor, dass für eine spezielle Applikation keine passende Komponente von Delphi bereitgestellt werden kann. Daher zeigt Ihnen Kapitel 2, wie Sie in Delphi eigene Komponenten erstellen bzw. entwickeln können.

2. Komponentenentwicklung

2.1 Entwicklung einer neuen Komponente

Delphi bietet Ihnen auch die Möglichkeit neben den bestehenden Komponenten, diese abzuändern oder neue Komponenten zu entwickeln. Dieses Kapitel gibt Ihnen einen kurzen Einblick in die Komponentenentwicklung, über das Löschen von Komponenten und das Einrichten der Komponentenpalette.

Da sich das Entwickeln von Komponenten sehr von der objektorientierten Windows-Programmierung unterscheidet, kann in diesem Kapitel nur ein kleiner prägnanter Einblick in das notwendige Handlungswissen gegeben werden. Delphi verlangt bei der Entwicklung von Komponenten nämlich noch richtige tiefgehende Programmierarbeit, es beginnt damit, dass die Komponenten nicht visuell erstellt werden können. Weiterhin verlangt es die Einhaltung vorgegebener Konventionen und detaillierte Kenntnisse über Delphi selbst.

Komponente

Da die Komponenten von Delphi spezielle Objekte darstellen, die sich von den normalen Objekten dadurch unterscheiden, dass sie zur Entwurfzeit in das Formular eingefügt und bearbeitet werden können, bedarf es zwar keiner neuer Sprachelemente unter Objekt-Pascal, aber Sie sollten drei wichtige Schritte bei der Entwicklung beachten:

- Als erstes steht das Entwickeln beziehungsweise das neue Anlegen einer Komponentenunit.
- Danach müssen Sie das Ableiten des gewünschten Komponentenobjektes mit gleichzeitiger Benennung durchführen.
- Um die Komponente unter Delphi verfügbar und sichtbar zu machen, müssen Sie den Registierungsabschnitt für die Komponente in der VCL erstellen.

Dabei stellt die Komponentenunit ein einzelnes Compiliertes Modul aus Objekt-Pascal-Quelltext dar.

Sollten Sie sich intensiv mit der Entwicklung oder Änderung von Komponenten beschäftigen und die Komponente in eine bereits vorhandenes DLL-Package von Delphi installieren, so erstellen Sie auf jeden Fall ein Backup bzw. eine Sicherungskopie der entsprechenden Komponentendatei.

Beispiel

In dem hier aufgeführten Beispiel wird ein rotes Feld entwickelt, das automatisch rechts im Formular angedockt wird. Dieses Beispiel soll Sie nur mit den Grundprinzipien der Komponentenentwicklung vertraut machen.

2.2 Komponentenexperte

Für die Erstellung neuer Komponenten bietet uns Delphi den Komponentenexperten an.

Sie finden den Experten im Menü Komponente unter der Funktion Neue Komponente... . Delphi stellt daraufhin das folgende Dialogfenster zur Verfügung.

Abb 2.1 Komponentenexperte

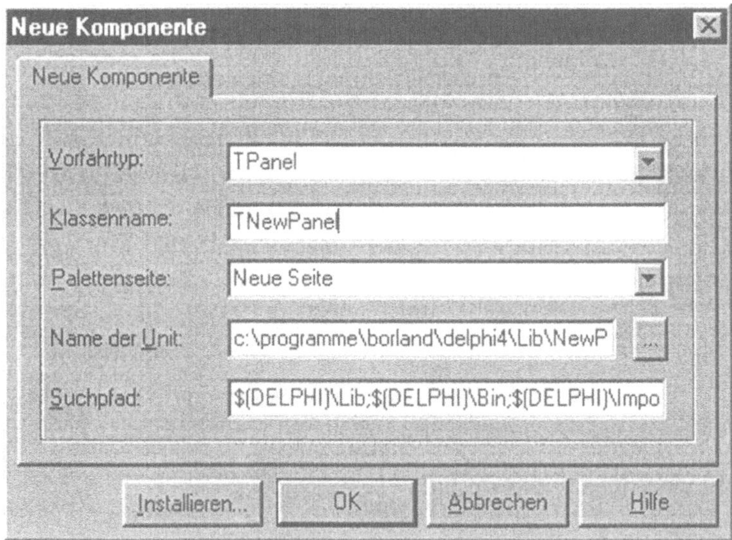

In diesem Dialogfenster legen Sie die Eckdaten für Ihre neue Komponente fest, um mit der Entwicklung zu beginnen. Die einzelnen Felder des Komponentenexperten haben folgende Bedeutung:

Vorfahrtyp

Über die hier vorgegebene Drop-down-Liste können Sie eine Basisklasse festlegen.

Klassenname

Hier tragen Sie den Namen der neu zu erstellenden Klasse ein. Damit wird die Komponente in der Unit deklariert und initialisiert.

Palettenseite

In der Drop-down-Liste Palettenseite wählen Sie eine Seite aus, auf der die neue Komponente erscheinen soll. Tragen Sie hier einen neuen Namen ein, wird die Seite angelegt.

Dateiname der Unit

Tragen Sie hier den Namen der Unit ein. Wird die Pfadangabe weggelassen, so wird sie im aktuellen Verzeichnis angelegt. Beim Experimentieren und Entwickeln von Komponenten ist es sinnvoll den vorgegebenen Pfad zu verwenden.

Suchpfad

Gibt den Pfad an, in dem Delphi nach der Datei sucht.

Installieren

Bestätigen Sie diese Schaltfläche, so wird die Komponente in ein neues, oder ein vorhandenes Package installiert.

OK

Drücken Sie diese Schaltfläche, so wird das Grundgerüst der Komponente im Quelltexteditor angezeigt.

2.2.1 Komponente entwickeln

Da für das Beispiel ein Feld erzeugt werden soll, leiten Sie die Komponente von der Klasse TPanel ab.

- Stellen Sie daher über die Drop-down-Liste den Typ TPanel ein.

Die neu zu erstellende Komponente verfügt damit über alle Eigenschaften und Methoden diese Typs.

- Als Klassenname hinterlegen Sie TNewPanel.
- Weiterhin soll die Komponente auf einer eigenen Seite mit dem Namen Neue Seite erscheinen. Tragen Sie daher in die

Drop-down-Liste Palettenseite die Zeichenkette Neue Seite ein.

- Klicken Sie danach auf OK und Delphi erstellt automatisch das Quelltext-Grundgerüst.

Dieser Quelltext dient als Ausgangsbasis für weitere Entwicklungen. Der Code hat dabei folgendes Aussehen:

```
unit NewPanel;

interface

uses
  Windows, Messages, SysUtils, Classes,
Graphics, Controls, Forms, Dialogs,
  ExtCtrls;

type
  TNewPanel = class(TPanel)
  private
    { Private-Deklarationen}
  protected
    { Protected-Deklarationen}
  public
    { Public-Deklarationen}
  published
    { Published-Deklarationen}
  end;

procedure Register;

implementation

procedure Register;
begin
  RegisterComponents('Neue Seite', [TNewPa-
nel]);
end;

end.
```

Aufbauend auf diesem Grundgerüst ist es nun möglich, die neu zu erstellende Komponente um weitere Eigenschaften und Methoden zu erweitern oder abzuändern.

Um die Beispiel Unit NewPanel später installieren zu können, muss diese vorher abgespeichert werden.

- Wählen Sie daher die Funktion Speichern im Menü Datei um die Unit zu speichern.

2.2.2 Komponentenunit erweitern

Wie Sie aus den Quelltext erkennen können, hat Delphi als erstes die Definition der Klasse festgelegt. Der gesamte Rumpf der Klasse ist bis dato aber noch leer. Weiterhin hat der Komponentenexperte die Prozedur Register eingefügt. Diese dient zum Registrieren der neuen Komponente in der Komponentenpalette Neue Seite. Damit können Sie jetzt beginnen, den Quellcode zu erweitern bzw. zu ändern.

Konstruktor

Bevor Sie jedoch die eigentliche Prozedur in die Komponente implementieren, müssen Sie in diesem Beispiel den Konstruktor des Vorfahrtypen neu deklarieren. Dies muss vorgenommen werden, da der Konstruktor zum Erzeugen eines Objektes dient.

Zum Überschreiben des Konstruktors rufen Sie einfach die Konstruktor-Methode des Vorfahrtypen auf und übergeben mit dem Parameter override die angegebene Änderung der Initialisierungsparameter. Der Quellcode für die Prozedur public hat daher folgenden Aufbau:

```
public
    {Public-Deklarationen}
    constructor Create(aOwner: Tcomponent);
    override;
```

Damit ist die Neudeklaration des Konstruktors vorgenommen. Die Neuimplementierung erfolgt über die Gestaltung der Methoden und Eigenschaften zu einer neuen Komponente.

Nachdem der Prozedurheader des Konstruktors erzeugt worden ist, müssen Sie jetzt in den Quelltext der Unit noch die entsprechende Deklaration für den Implementations-Teil vornehmen.

Hier wird mit der Funktion Inherited zuerst der Konstruktor des Vorfahren der Klasse aufgerufen. Im Anschluss daran werden die entsprechenden Eigenschaften und deren Werte eingetragen.

Daher ergänzen Sie den Quelltext der Prozedur Implementation wie folgt:

```
implementation

constructor TNewPanel.Create(aOwner: Tcompo-
nent);

begin
  inherited Create(aOwner);
  Align := alRight;
  Color := clRed;
  Ctl3D := False;
  Width := 50;
end;
```

Innerhalb der Prozedur werden damit die Eigenschaften der Komponente in der Weise: Ausrichtung - rechts, Farbe - rot, 3-D-Effekt - nein und Breite = 50 deklariert.

2.3 Installation der Komponente

Die eigentliche Installation der Komponente ist relativ einfach zu bewerkstelligen. Achten Sie aber darauf, dass die Komponentenunit gespeichert ist. Delphi bricht sonst den nachfolgenden Vorgang mit einer Fehlermeldung ab. Sollten Sie die Unit noch nicht gespeichert haben, holen Sie dieses bitte nach.

- Um die Komponente zu installieren rufen Sie den Menüpunkt Komponente/Komponente installieren auf.

Delphi öffnet daraufhin das Dialogfenster Komponente installieren.

Abb 2.2 Komponente installieren

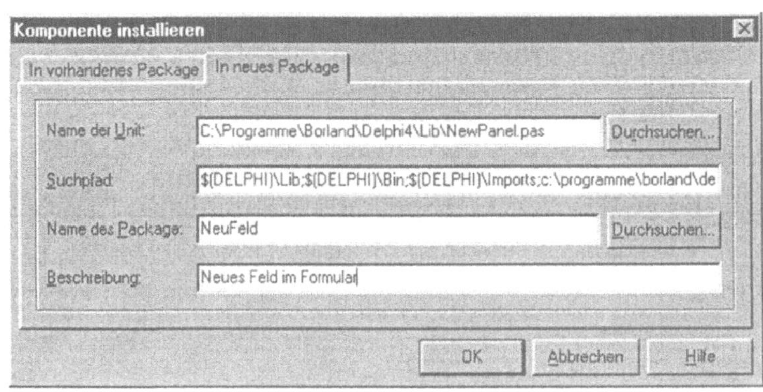

- Klicken Sie hier auf den Reiter In neues Package, um ein neues Komponenten-Package zu installieren.
- Lassen Sie die von Delphi vorgenommenen Einträge für den Namen der Unit und des Suchpfades bestehen.
- Verwenden Sie als Dateinamen niemals den Namen der Unit, da der Compiler von Delphi sonst mit einer Fehlermeldung abbricht, wenn sich die Unit selbst aufrufen würde.
- Tragen Sie daher für den Dateinamen die Zeichenkette NeuFeld ein.
- In dem Textfeld Beschreibung können Sie zur Komponente einen entsprechenden Kommentar hinterlegen.
- Sind die Einträge getätigt, klicken Sie auf OK.

Delphi antwortet mit einem Bestätigungsfenster.

Abb. 2.3 Bestätigung

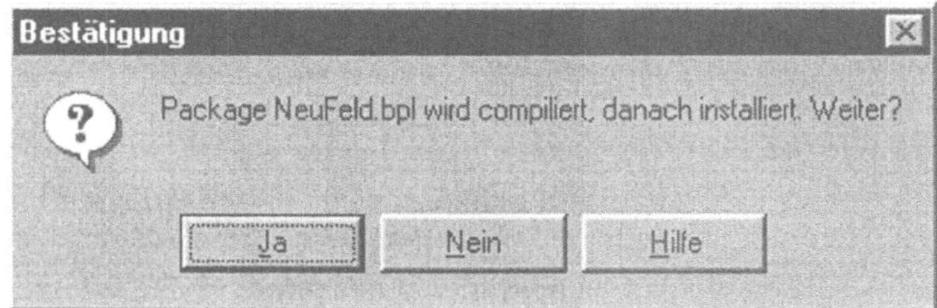

Delphi installiert nun die neue Komponente vom Typ TNewPanel und registriert diese gleichzeitig. Zur Bestätigung wird noch ein Informationsfenster ausgegeben, das Sie mit OK quittieren müssen.

Abb. 2.4 Information

Damit ist die Komponente vollständig installiert und eingerichtet.

2.4 Der Package-Editor

Nach dem Registrieren der neuen Komponente öffnet Delphi zusätzlich den Package-Editor. Dieser Dialog ermöglicht Ihnen die genaue Kontrolle über die erzeugte DLL-Komponentendatei.

Abb. 2.5 Package-Editor

Wie Sie erkennen können, werden alle in einem Package enthaltenen Units angezeigt. Sie können jetzt Änderungen daran vornehmen. Sie brauchen bloß die entsprechende *.dpk Datei zu selektieren, die Endung dpk steht für Delphi-Quell-Package.

Der Package-Editor verfügt über eine Mauspalette mit folgenden Funktionen:

Compilieren

Mit Auswahl dieser Schaltfläche wird das selektierte Package kompiliert.

Hinzufügen

Über die Schaltfläche Hinzufügen lässt sich dem Package eine weitere Unit, Komponente oder ein ActiveX-Control hinzufügen.

Entfernen

Hiermit lässt sich das vorher selektierte Package entfernen.

Optionen

Unter Optionen finden Sie weitere Einstellungen zum Compiler und Linker.

Mit Aufruf des Package-Editor und der vorhergehenden Registrierung ist die neue Komponente verwendbar. In der neu hinzugekommenen Komponentenseite Neue Seite steht Ihnen die Komponente NewPanel zur Verfügung.

Abb 2.6 Neue Komponente

2.5 Komponenten löschen

Um eine installierte Komponente aus der Komponentenpalette zu löschen benutzen Sie bitte folgenden Lösungsweg:

- Rufen Sie den Menüpunkt Komponente/Package installieren... auf.

Delphi öffnet daraufhin den Dialog Projektoptionen.

Abb. 2.7 Projektoptionen

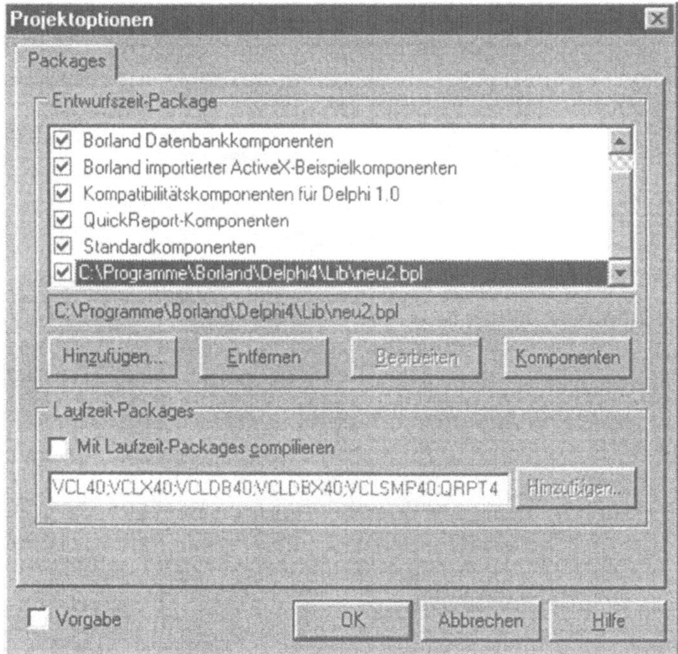

Unter der Auswahlliste Entwurfszeit-Package werden alle in der IDE verfügbaren Packages aufgeführt. Die Einträge, die mit einem Häkchen versehen sind, stehen im aktuellen Projekt zur

Verfügung. Mit den Schaltflächen im Dialog können Sie folgende Funktionen durchführen:

Hinzufügen

Hiermit wird ein Entwurfzeit-Package in das Projekt installiert.

Entfernen

Entfernt das mit der Maus vorher selektierte Package. Es ist damit in keinen Projekt mehr verfügbar.

Bearbeiten

Ist der Quelltext des Package verfügbar, so wird das markierte Package im Editor geöffnet.

Komponenten

Zeigt die Komponenten des ausgewählten Package mit den dazugehörigen Symbolen an.

Sie können damit zum Beispiel die neu erzeugte Komponente wieder entfernen.

2.6 Die Komponentenpalette

Über den Menüpunkt Komponente/Palette konfigurieren... öffnet Delphi das Dialogfenster Paletteneigenschaften aus Abbildung 2.8.

Über das Dialogfenster können Sie die Komponentenpalette nachträglich konfigurieren. So können Sie bestimmte ausgewählte Komponenten löschen, die Komponentenseite anders anordnen oder eine komplette Seite löschen.

Als Informationen stehen Ihnen hier die Seite, die entsprechenden Komponenten und Packages zur Verfügung. Über die Schaltflächen können Sie folgende Funktionen ausüben:

Hinzufügen

Hiermit wird der Dialog Seite hinzufügen aufgerufen. Sie haben die Möglichkeit eine neue Seite in der Komponentenpalette zu erstellen.

So könnte man beispielsweise eine Seite Anwendungsentwicklung anlegen und diese mit den am häufigsten benutzten Komponenten füllen.

Löschen

Aktivieren Sie diese Schaltfläche, so wird die selektierte Seite aus der Palette entfernt. Dies ist jedoch nur möglich, wenn zuvor die Komponenten aus der Seite entfernt wurden.

Umbenennen

Öffnet das Dialogfenster Seite umbenennen. Hier kann die ausgewählte Seite einfach umbenannt werden.

Aufwärts / Abwärts

Ändert die Position der Komponente auf der ausgewählten Seite.

Markieren Sie in der Auswahlliste Komponenten einen Eintrag, so steht Ihnen zusätzlich die Funktion Verbergen zur Verfügung.

Verbergen

Die Schaltfläche Verbergen erlaubt es, die ausgewählte Komponente nicht mehr in der Komponentenpalette anzuzeigen.

Abb. 2.8 Paletteneigenschaften

Sollten Sie sich intensiv mit der Entwicklung von Komponenten beschäftigen wollen oder müssen, so erarbeiten Sie sich bitte ein tiefes Verständnis der einzelnen Komponenten und deren Klassen.

3. Reports

3.1 Reports entwickeln

Um Daten aus Informationssystemen oder Datenbanken in gewünschter Form darzustellen, bietet Ihnen Delphi über die Komponenten Seite QReport, die Möglichkeit sogenannte Reports zu entwickeln.

Report

Der Report basiert dabei auf Datentabellen und ermöglicht die optisch ansprechende Gestaltung der darin enthaltenen Daten. Damit stellt der Report eine praktisch auf den Ausdruck spezialisierte Formularvariante dar, die aufgrund ihrer übersichtlichen und attraktiven Druckergebnisse sehr viele Darstellungsmöglichkeiten bietet.

Außer Kopf und Fußzeilen können Umschlagsseiten durch die Verwendung von Beschriftungen gestaltet, die ausgedruckten Blätter nummeriert und verschiedene Arten des Ausdrucks festgelegt werden.

Report-Editor

Weiterhin ist es möglich Datenbank-, Berechnungs- und Memofelder einzufügen. Dadurch ergeben sich sehr viele Auswertungsmöglichkeiten wie zum Beispiel die Ermittlung von Summen oder Durchschnittswerten. Auch kann der Anwender seinen eigenen Report-Editor zur Laufzeit nutzen. Damit ist er in der Lage seine Reports individuell und übersichtlich visuell zu erstellen.

Ausdruckseditor

Sie als Anwendungsentwickler haben die Möglichkeit, über den Ausdruckseditor komplexe Abfrageformeln und Bedingungen visuell zu erzeugen und dadurch einen enormen Zeitgewinn zu erzielen.

Visuelle Gestaltung

Die visuelle Gestaltung eines Reports ist genauso einfach wie das Erstellen eines Formulars. Der nächste Abschnitt zeigt Ihnen, wie Sie schnell und effektiv einen aussagekräftigen Report mit Delphi erstellen können. Tiefergehende Programmiertechniken zum Report erfahren Sie dann in dem Abschnitt Informationssysteme entwickeln.

3.2 Die Grundlage für den Report

Wie oben schon erläutert ist die Aufgabe eines Reports, Daten aus Tabellen oder Datenbanken optisch ansprechend zu Papier zu bringen. Die Hauptaufgabe beim Entwurf eines Reports liegt dementsprechend in der Positionierung und Anordnung der einzelnen Steuerelemente.

Da bei diesem Buch das praxisgerechte Arbeiten im Vordergrund steht, nutzen wir als Beispiel in diesem Kapitel eine Datenverwaltung in Form von zwei Datenbanken. Der erstellte Report muss daher die relevanten Informationen aus verschiedenen Datenquellen entnehmen. Man spricht in diesem Fall auch von einem Haupt- / Detail-Report.

Für dieses Beispiel ist die Struktur der Datenbanken sehr einfach gehalten. Die Datenbanken Artikel.db und Preis.db befinden sich auf der Diskette, so dass man den Aufbau gut nachvollziehen kann.

Primärindex

Beachten Sie bitte beim Arbeiten mit einem Haupt- / Detail-Report darauf, dass die verschiedenen Datenbanken einen gemeinsamen Schlüssel, im Umgang mit Datenbanken Primärindex genannt, zur Verfügung stellen. Sonst ist ein verknüpfen der Datenbanken nicht möglich. Mehr zum Primärindex erfahren Sie im Kapitel Datenbanken.

Die erste Datenbank Artikel.db hat folgenden Aufbau:

Tabelle 1

Feldname	**Feldtyp**	**Feldgröße**
Produkt	Alpha	5 Zeichen
Beschreibung	Alpha	25 Zeichen
Vertrieb	Alpha	15 Zeichen

Die Datenbank Preis.db besitzt den Aufbau:

Tabelle 2

Feldname	**Feldtyp**	**Feldgröße**
Produkt	Alpha	5 Zeichen
Preis	Nummerisch	unzulässig
Mengeneinheit	Integer kurz	unzulässig
Preis pro Stück	Nummerisch	unzulässig

Wie Sie aus den Tabellen erkennen können, besitzen beide Tabellen das Schlüsselfeld Produkt.

Diese Felder bilden damit den erforderlichen Primärindex.

Die hier angegebenen Informationen über den Feldaufbau der Datenbanken ist schon ausreichend um einen Report zu erstellen. Abbildung 3.1 und 3.2 zeigen den Tabellenaufbau und Inhalt der Datenbanken.

Abbildung 3.1
Preis.db

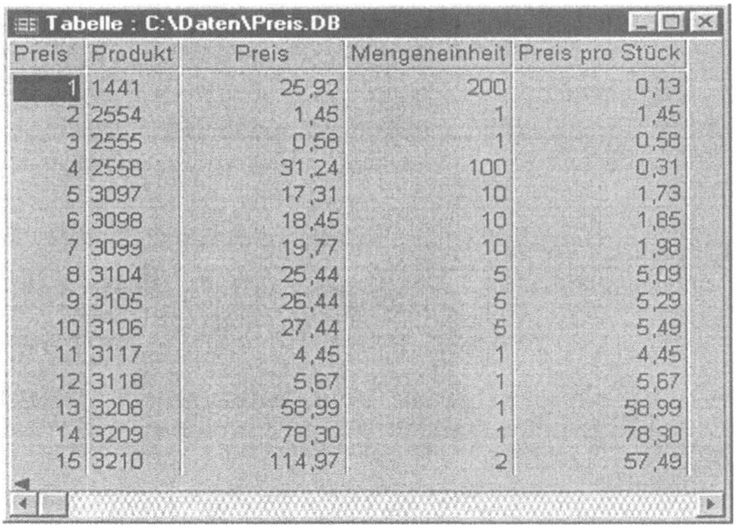

Tabelle : C:\Daten\Preis.DB

Preis	Produkt	Preis	Mengeneinheit	Preis pro Stück
1	1441	25,92	200	0,13
2	2554	1,45	1	1,45
3	2555	0,58	1	0,58
4	2558	31,24	100	0,31
5	3097	17,31	10	1,73
6	3098	18,45	10	1,85
7	3099	19,77	10	1,98
8	3104	25,44	5	5,09
9	3105	26,44	5	5,29
10	3106	27,44	5	5,49
11	3117	4,45	1	4,45
12	3118	5,67	1	5,67
13	3208	58,99	1	58,99
14	3209	78,30	1	78,30
15	3210	114,97	2	57,49

Abbildung 3.2 Artikel.db

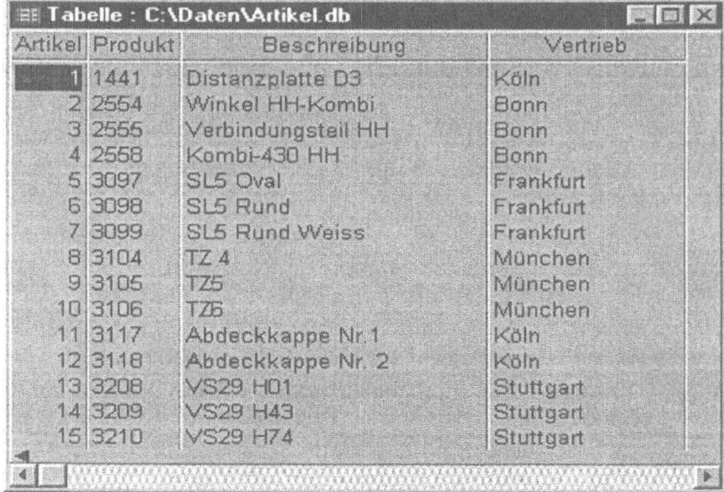

Tabelle : C:\Daten\Artikel.db

Artikel	Produkt	Beschreibung	Vertrieb
1	1441	Distanzplatte D3	Köln
2	2554	Winkel HH-Kombi	Bonn
3	2555	Verbindungsteil HH	Bonn
4	2558	Kombi-430 HH	Bonn
5	3097	SL5 Oval	Frankfurt
6	3098	SL5 Rund	Frankfurt
7	3099	SL5 Rund Weiss	Frankfurt
8	3104	TZ 4	München
9	3105	TZ5	München
10	3106	TZ6	München
11	3117	Abdeckkappe Nr.1	Köln
12	3118	Abdeckkappe Nr. 2	Köln
13	3208	VS29 H01	Stuttgart
14	3209	VS29 H43	Stuttgart
15	3210	VS29 H74	Stuttgart

Datenbankzugriff

Sie haben unter Delphi mit den Komponenten der QReport Seite die Möglichkeit, über IDAPI oder ODBC wie auch über spezielle Datenbanktreiber der jeweiligen Hersteller auf die gewünschte Datenbank zuzugreifen.

3.3 Die benötigten Komponenten

Es wird in diesem Beispiel davon ausgegangen, dass Sie mit dem Formularfenster und den Standardkomponenten wie Button und Label von Delphi einigermaßen vertraut sind.

Für die Erstellung des Haupt- / Detail-Reports benötigen Sie die Auflistung der folgenden Komponenten:

- Form1, Form2, Label, Button, QuickReport, QRBand, QRLabel, QRDBText, QRSubDetail und QRSysData.
- Aus der Standard-Seite benötigen wir nur Button und Label.
- Vom QReport die Komponenten QuickReport, QRBand, QRLabel, QRDBText, QRSubDetail und QRSysData.
- Aus der Komponenten Seite Datenzugriff TTable und TDataSource.

Hierbei stellen Ihnen die Komponenten folgende Funktionen zur Verfügung:

QuickReport

Die Komponente QuickReport erlaubt es Ihnen, ein Reportformular zur Entwicklungs- und Laufzeit zu benutzen und zu manipulieren. Dabei wird das Reportformular als aktuelles Papierformat dargestellt. Durch Verwendung der Komponente QRBand können spezielle Darstellungsformen auf dem Reportformular gewählt werden.

QRBand

Hinter der Komponente QRBand verbirgt sich ein sogenanntes druckbares Band. Darauf lassen sich aus den dynamisch generierten Daten der Datenbank die entsprechend gewünschten Komponenten in das Reportformular platzieren.

QRLabel

Bei der Komponente QRLabel handelt es sich um eine weitere druckbare Komponente, mit der Sie Ihre feststehenden Texte oder Überschriften in das Reportformular einfügen können.

QRDBText

Diese druckbare Komponente ermöglicht Ihnen die Darstellung von Text- oder Memofeldern aus einer Datenbankquelle.

QRSubDetail

QRSubDetail stellt ein Kind-Objekt der Komponente QRBand dar. Über sie lässt sich eine Haupt- / Detailbeziehung in das Reportformular einfügen.

QRSysData

Diese druckbare Komponente ermöglicht es Ihnen, bestimmte Systemdaten, wie das aktuelle Datum oder die Uhrzeit in einem Report einzubinden. Hiermit ist auch eine Ausgabe der Seitenzahl möglich.

Andere wichtige Komponenten aus der QReport-Seite, wie zum Beispiel QRChildBand oder QRGroups werden in der Musteranwendung Informationssysteme im Kapitel 8 besprochen.

Aus der Seite Datenzugriff benötigen Sie für dieses Beispiel nur die beiden nachfolgenden Komponenten. Beachten Sie aber dabei, dass diese Komponenten zur Laufzeit für den Anwender nicht sichtbar sind. Die Anwendung nutz nur die Funktionen der eingefügten Komponenten zum Datenzugriff.

Table

Die Komponente Table erzeugt eine Verbindung zwischen der Anwendung und einer Datenbank. Damit stellt sie eine sehr einfache Möglichkeit dar, mit den Elementen einer Datenbank zu arbeiten. Sie kann aber auch zur Erzeugung einer Datenbank verwendet werden.

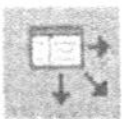

DataSource

Die Komponente TDataSource stellt eine Verbindung zwischen einer DataSet-Komponente wie zum Beispiel TTable und den Kontrollelementen eines Formulars, in diesem Fall QuickReport, die die Informationen der Datenbank anzeigen, her. Sie übernimmt also die Funktion eines Bindeglieds zwischen einer Datenzugriffskomponente und datensensitiven Dialogelementen auf einem Formular.

Weitere Datenzugriffskomponenten lernen Sie im Kapitel Datenbankprogrammierung kennen.

3.4 Die Anwendung

Zum Erstellen des Haupt- / Detail-Reports laden Sie zunächst Delphi. Die gemeinsame Ausgangsbasis ist ein neues leeres Projekt, damit die folgenden Schritte nachvollzogen werden können.

In diesem Beispiel wird ein kleines Hauptformular erstellt, das Ihnen die Anzeige eines Haupt- / Detail-Reports ermöglicht. Dabei wird der Report über eine Schaltfläche über ein weiteres Formular aufgerufen. Eine weitere Schaltfläche Beenden auf den Hauptformular schließt die Anwendung.

Formular einrichten

Als erstes soll das Formular auf seine passende Größe und mit den entsprechenden Beschriftungen versehen werden.

- Markieren Sie hierfür das Formular Form1 mit der Maus und legen Sie im Objektinspektor die Eigenschaft Height für die Höhe mit dem Wert 158 und Width für die Breite mit 375 fest.
- Als nächsten Schritt legen Sie die Titelzeile über die Eigenschaft Caption fest. Tragen Sie statt Form1 die Zeichenfolge Report ein.

Um den Anwender das Hauptformular, das letztendlich Steuerungsaufgaben übernimmt, nahe zu bringen, muss es beschriftet werden.

- Wählen Sie hierfür aus der Standard-Seite die Komponente Label aus. Positionieren Sie Label in das Anwendungsformular Report.
- Setzen Sie die Eigenschaft Align auf alTop und Alignment auf taCenter. Als Eigenschaft Caption legen Sie den Text Datenbank fest.
- Die Font Eigenschaft wird mit der Schriftart MS Sans Serif, Schriftschnitt Standard und 24 Grad eingestellt.

Für eine weitere Beschriftung benötigen Sie nochmals eine Label Komponente. Legen Sie deren Eigenschaften wie folgt fest.

- Positionieren Sie die Label Komponente unterhalb des ersten Labels. Setzen Sie auch hier die Eigenschaft Align auf alTop und Alignment auf taCenter. Als Caption tragen Sie den Text "Report erstellen“ ein. Der Schriftgrad der Eigenschaft Font beträgt hier 18.

Als letzte Beschriftung verankern Sie eine Label-Komponente an den unteren Rand des Formulars.

- Platzieren Sie das dritte Label in den unteren Bereich des Formulars.
- Legen Sie die Eigenschaft Align auf alButtom und Alignment auf taCenter fest. Tragen Sie für Caption die Beschriftung Lösungen entwickeln mit Delphi ein.

Nun benötigen wir für das Hauptformular noch zwei Komponenten vom Typ Button um die gewünschten Funktionen zum Steuern anzubringen.

- Wählen Sie daher die Komponente Button und platzieren Sie diese in das Formular zwischen den Beschriftungen. Legen Sie die Eigenschaften Left mit 72 und Top mit 80 fest. Die Inschrift soll Report heißen.

- Platzieren Sie die zweite Button Komponente in das Formular und setzen Sie hier die Eigenschaft Left auf 232 und Top auf 80. Dieser Schalter soll Beenden heißen.

Damit ist das gewünschte Hauptformular zur Steuerung der Anwendung schon fertig. Die zwei Buttons dienen zur Ausführung der Vorschau-Funktion von Quick-Report und zum Beenden des Programms. Das Hauptformular sollte nach dem Erstellen so aussehen wie in Abbildung 3.3 gezeigt.

Abbildung 3.3 Das Hauptformular

Um jetzt den Report zu erzeugen, benötigen wir ein weiteres Formular.

- Öffnen Sie daher über den Befehl Datei/Neues Formular ein neues Formular. Tragen Sie im Objektinspektor für die Eigenschaft Caption Haupt- / Detail-Report ein.
- Wählen Sie in der Komponenten Seite QReport die Komponente QuickRep aus und platzieren Sie diese in den oberen linken Teil des Formularfensters. Setzen Sie die Eigenschaften Left und Top auf 8.
- Um den Report mit einer Überschrift zu versehen, wählen Sie die Komponente QRBand aus und platzieren sie in das Reportformular. Delphi richtet das Band automatisch an den oberen Rand des Formulars aus. Die Eigenschaft BandType ist auf rbTitle voreingestellt.
- Die Beschriftung der Überschrift erfolgt über die Komponente QRLabel. Platzieren Sie diese in das Titelband und setzen Sie die Eigenschaft Alignment auf taCenter und AlignToBand auf True. Der Text für Caption lautet Datenbankansicht mit einem Haupt- / Detail Report. Für die Eigenschaft Font legen

Sie die Werte wie folgt fest: Schriftart Arial, Schriftschnitt Standard und 20 Gard.

- Platzieren Sie jetzt eine weitere QRBand Komponente in das Reportformular. Legen Sie die Eigenschaft BandType mit rbDetail fest, um Datensätze zeilenweise im Report angezeigt zu bekommen.
- Um das Detailband zu beschriften, wählen Sie auch hier die Komponenten QRLabel. Setzen Sie diese in den linken Teil des Bandes und stellen Sie folgende Eigenschaften ein: Für Caption den Text Produkt-Nr.:, Left = 40 und Top = 16.
- Fügen Sie danach noch zwei weitere Komponenten vom Typ QRLabel in das Detailband mit den folgenden Eigenschaften ein: Caption = Beschriftung, Left = 192, Top = 16 sowie für die weitere Komponente Caption = Vertriebsgesellschaft, Left = 448 und Top = 16.

Als nächstes benötigen Sie die Komponente Table aus der Seite Datenzugriff, um eine Verbindung zur gewünschten Datenbank herzustellen, damit die benötigten Informationen für den Report entnommen werden können.

- Fügen Sie die Komponente Table in das Reportformular ein. Die Position ist dabei unerheblich, da es sich um eine zur Laufzeit nicht sichtbare Komponente handelt.
- Nach dem Einfügen der Komponente setzen Sie die Eigenschaft DatabaseName auf DBDEMOS. Bei dieser Eigenschaft handelt es sich entweder um ein Alias oder um den Namen des Verzeichnisses, in dem sich die Tabellendateien befinden. Die Eigenschaft TableName muss den Namen der Datenbank erhalten, auf die zugegriffen werden soll. Für das gewählte Beispiel lautet der Eintrag demnach: C:\Ihr_Verzeichnis\Artikel.db. Um eine Verbindung mit der Datenbank herzustellen, muss die Eigenschaft Active auf den Wert True gesetzt werden.

Da jetzt die Verbindung mit der Datenbank hergestellt ist, können Sie das Detailband mit der QRDBText Komponente ausstatten.

- Wählen Sie dafür aus der Komponenten Seite QReport die entsprechende Typ Komponente aus und platzieren Sie diese hinter die QRLabel Komponente mit der Beschriftung Produkt-Nr.: .

- Setzen Sie nach dem Einfügen deren Eigenschaft DataSet auf Table1, da es sich dabei um die gewünschte Datenquelle handelt, und wählen Sie als DataField die Spalte Produkt des Datenfeldes aus.
- Verfahren Sie mit den Beschriftungen Beschreibung und Vertriebsgesellschaft genauso. Achten Sie auf die richtige Auswahl der Datenfelder.

Nachdem Sie alle Komponenten von Typ QRDBText gesetzt haben, benötigen Sie jetzt noch eine Komponente DataSource, um eine Verbindung zwischen Table und den Datenelementen, in diesem Fall QRDBText, herzustellen.

- Wählen Sie daher aus der Seite Datenzugriff die Komponente DataSource aus und platzieren Sie diese in das Reportformular. Auch hier ist die Position nicht zu berücksichtigen, da die Komponente zur Laufzeit nicht sichtbar ist. Legen Sie die Eigenschaft DataSet auf Table1 fest. Damit ist die Verbindung hergestellt.

QRSubDetail

Da wir in unserem Beispiel einen Haupt- / Detail-Report erstellen möchten, benötigen Sie dafür die Komponente QRSubDetail, die es ermöglicht, Daten aus unterschiedlichen Datenquellen zusammenzuführen.

- Fügen Sie die Komponente QRSubDetail aus der QReport Seite ein. Legen Sie die Eigenschaft Master mit den Wert QuickReport1 fest.
- Markieren Sie danach das Reportformular und tragen Sie hier im Objektinspektor als DataSet Eigenschaft Table1 ein.
- Jetzt muß noch über eine weitere Table Komponente eine Verbindung auf die zweite Datenquelle hergestellt werden. Fügen Sie daher eine weitere Komponente diesen Typs in Ihr Reportformular ein. Legen Sie folgende Eigenschaften fest: Die Eigenschaft DatabaseName wird wieder auf DBDEMOS gesetzt, der TableName ist C:\Ihr_Verzeichnis\Preis.db und die Eigenschaft Active erhält den Wert True.
- Fügen Sie nun eine weitere Komponente vom Typ DataSource hinzu und legen Sie als DataSet Table2 fest.

Danach benötigen Sie den Feldverbindungs-Designer von Delphi, um die benötigte Feldverknüpfung zwischen den einzelnen Datenquellen herzustellen.

- Markieren Sie mit der Maus die Komponente Table2 und legen Sie dort die Eigenschaft MasterSource mit dem Wert DataSource1 fest.
- Klicken Sie neben der Eigenschaft MasterFields auf den punktierten Schalter. Delphi öffnet nun den Feldverbindungs-Designer.

Der Feldverbindungs-Designer ermöglicht es auf ganz einfache Art und Weise, Verknüpfungen zwischen verschiedenen Datenbanken herzustellen, solange diese über einen Primärindex verfügen.

- Als Verfügbare Indizes lassen Sie die Voreinstellung Primary bestehen. Markieren Sie in der Listbox Detailfelder den Eintrag Produkt mit der Maus und klicken Sie anschließend auf die Schaltfläche Hinzufügen.
- Damit haben Sie die Feldverbindung hergestellt. Die Listbox "Verknüpfte Felder" zeigt auch das entsprechende Ergebnis an.

Schließen Sie den Feldverbindungs-Designer über OK ab, so wird automatisch das Indexfeld Produkt für die Verknüpfung eingetragen.

Abbildung 3.4 Feldverbindungs-Designer

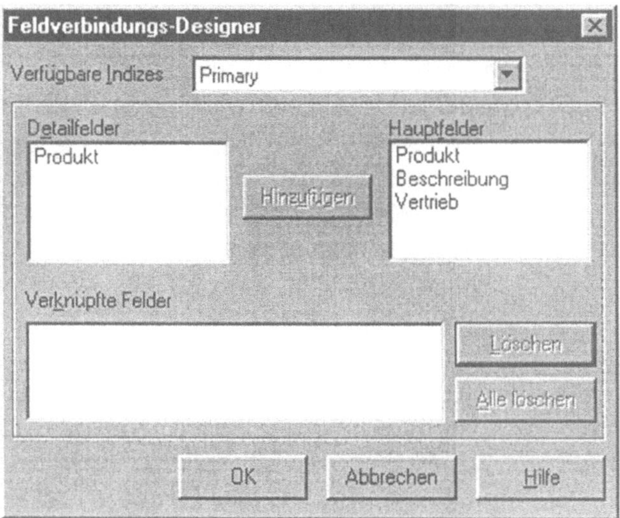

Nun müssen Sie über eine weitere DataSource-Komponente eine Verbindung mit Table2 herstellen.

- Wählen Sie daher die Komponente aus und setzen Sie die Eigenschaft DataSet auf Table2.
- Klicken Sie auf die Komponente QRSubDetail im Reportformular und setzen Sie die Eigenschaft DataSet auf Table2. Die Eigenschaft Master wird folgerichtig auf QuickRep1 gesetzt, um QRSubDetail mit der Hauptsteuer-Komponente zu verbinden.

Damit ist die Verbindung zwischen den beiden Datenquellen aktiv. Sie können beginnen das Unterdetailband mit der QRLabel-Komponente zu beschriften.

- Platzieren Sie daher drei weitere QRLabel Komponenten in das Unterdetailband mit den Caption Eigenschaften Mengeneinheit, Preis und Preis pro Stück. Als Richtwert für Left gelten die Werte 40, 240 und 448.
- Danach können Sie weitere Komponenten von Typ QRDBText einfügen um die entsprechenden Daten sichtbar zu machen.
- Verbinden Sie die Komponenten über Ihre Eigenschaft DataSet mit den gewünschten Datenfeldern Mengeneinheit, Preis und Preis pro Stück. Positionieren Sie die Komponenten nach Möglichkeit direkt hinter die jeweiligen Bezeichnungen der QRLabel-Komponenten.

Als letzter Schritt soll in der Fußzeile des Reports das Erstellungsdatum und die Seitenzahl angezeigt werden.

- Wählen Sie dazu noch einmal eine Komponente vom Typ QRBand aus und fügen Sie diese in das Reportformular. Legen Sie die Eigenschaft BandType mit rbPageFooter fest.
- Platzieren Sie die Komponente QRSysData in das Band und legen Sie die Eigenschaft Alignment mit taLeftJustify und AlignToBand mit True fest.
- Die Eigenschaft Data setzen Sie auf qrsDate für die Ausgabe des Systemdatums. Für die Eigenschaft Text geben Sie die Zeichenkette Erstellt am.: vor. Führen Sie nach dem Doppelpunkt noch ein Space mit der Tastatur ein, so wird auch in der Reportdarstellung ein Leerzeichen eingefügt.
- Setzen Sie eine weitere Komponente vom Typ QRSysData für die Darstellung der Seitenzahl ein. Legen Sie dabei folgende Eigenschaften fest: Alignment = taRightJustify, Data = qrsPageNumber und Text = Seite.:

Damit ist das Reportformular fertiggestellt. Wie Sie ersehen könnten, bedarf es nur einiger Übung um einen aussagefähigen Report aufzubauen. Abbildung 3.5 zeigt den vollständigen Reportaufbau in der Entwicklungsphase.

Abbildung 3.5 Das Reportformular

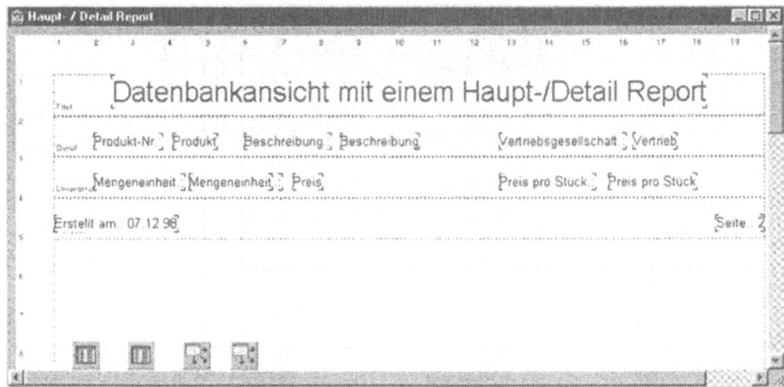

Möchten Sie zwischenzeitlich gerne erfahren, wie der Report ausgegeben wird, so können Sie jederzeit zur Entwicklung über das Kontextmenü des Reports und der Funktion Druckbild eine Vorschau aufrufen. Beachten Sie aber, dass die Eigenschaft DataSet im Report auf die richtig Datenquelle gesetzt ist. Das heißt die Eigenschaft muss auf die richtige Datenquelle zeigen.

Jetzt können Sie daran gehen, die Schalter des Hauptformulars mit den entsprechenden Quellcodes zufüllen.

- Aktivieren Sie dazu das Hauptformular Form1 und lösen einen Doppelklick auf den Button Beenden aus. Tragen Sie in den vorbereiteten Prozedurgerüst den Quellcode:

```
CLOSE;
```

ein.

Über diese Methode wird die Anwendung geschlossen. Rufen Sie danach wieder das Formular Form1 auf und Doppelklicken Sie auch hier auf den Button Report. Sie können aber auch gleich im Quelltexteditor in die Prozedur TForm1.ButtonClick gehen.

- Tragen Sie hier als Quellcode:

```
Form2.QuickRep1.Preview;
```

ein. Sie rufen über diesen Quellcode das Formular Nummer zwei auf und starten die Vorschau-Funktion von QuickReport.

Versuchen Sie jetzt die Anwendung über F9 zu starten, so meldet sich Delphi mit einer Informationsmeldung.

Abbildung 3.6 Informationsfenster

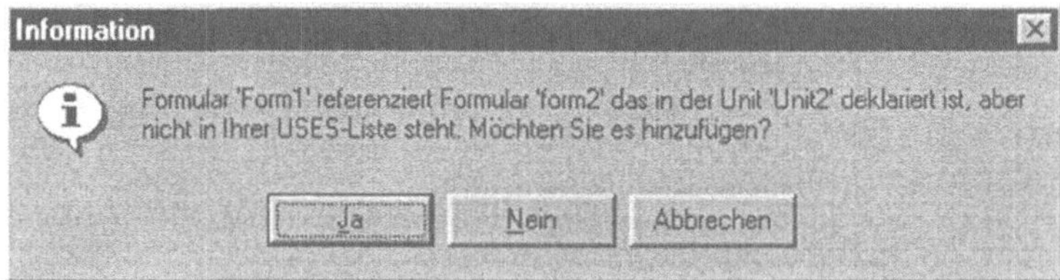

Bestätigen Sie hier den automatischen Eintrag in Ihre Uses-Liste mit Ja. In diesem Beispielprogramm ist es erforderlich, die Eintragung in der Uses-Klausel zu ergänzen.

Delphi bindet beim Aufruf der Entwicklungsumgebung nur die Units ein, die von den meisten Programmen benötigt werden und fügt dann automatisch nach Aufruf des Informationsfensters Units hinzu, die zur Unterstützung der von Ihnen auf das Formular verwendeten Komponenten benötigt werden. Abbildung 3.6 zeigt das Ergebnis nach dem Aufruf der Anwendung und dem Betätigen der Schaltfläche Report. Gezeigt wird die Ganzseitenvorschau von QuickReport.

Abbildung 3.7 Die Anwendung

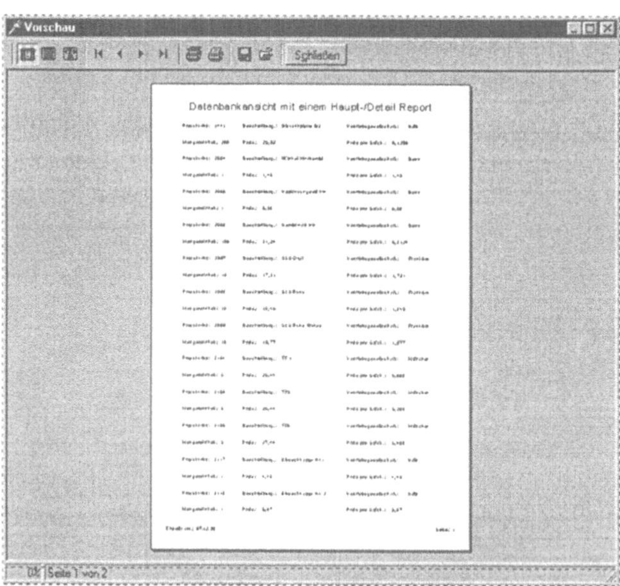

Sie finden das lauffähige Programm unter den Namen Report1 auf Ihrer entpackten Internetdatei.

4. Softwareentwicklung

4.1 Grundlagen der Entwicklung

Um mit den heutigen Entwicklungsumgebungen wie Delphi, C++Builder oder auch anderen visuellen Programmierumgebungen eigene Anwendungen erstellen zu können, bedarf es keiner zwangsläufigen Vorbereitungen für die Umsetzung in den entsprechenden Programm-Code.

Sie können sich also gegebenenfalls vor den Computer setzen und anfangen, eine Anwendung in wahrsten Sinne des Wortes zu basteln.

In diesem Kapitel wird daher versucht, darzulegen warum systematisches und konzeptionelles Programmieren unbedingt notwendig ist.

Daher ist von der oben geschilderten Programmierung dringend abzuraten. Versuchen Sie erst einmal das Ziel und die Aufteilung der Objekte und Formulare zu Papier zu bringen. Sie bewahren sich damit vor einem heillosen Durcheinander, da Sie den wagemutigen und undurchsichtigen Programmcode nach einiger Zeit selbst nicht mehr entschlüsseln können. Es reizt zwar sehr mit Delphi zu experimentieren und gleich drauflos zu hacken, da die heutige Software aber immer komfortabler und komplexer wird ist davon dringends abzuraten. Bedenken Sie zum Beispiel, wie sehr sich die Benutzeroberflächen der Programme sich angeglichen haben, hier müssen Sie besonders bei der reinen Anwendungsentwicklung achtsam sein.

Daher sollten Sie sich immer vor Augen halten, dass am Anfang aller Überlegungen das Ziel steht, welches durch das zu entwikkelnde Programm erreicht werden soll. Versuchen Sie also nach Möglichkeit das Programmziel genau zu beschreiben, da man, wenn man weiß, was die jeweilige Anwendung einmal erreichen soll, die einzelnen Prozeduren und Schritte richtig planen kann. Achten Sie auch darauf, programmtechnische Grundlagen die Sie heute bei den gängigen Softwareprodukten finden, nicht einfach abzuändern.

So ist es zum Beispiel möglich, in den meisten Windows-Programmen ein Kontextmenü mit der rechten Maustaste aufzurufen. Es wäre daher für den Benutzer Ihrer Anwendung viel zu verwirrend, wenn er ein Kontextmenü plötzlich wieder anders aufrufen müsste.

Beachten Sie bitte auch, dass Pascal zwar eine sehr flexible Sprache ist, sich aber auch hier durch zu viele Änderungen ein sehr komplexer unübersichtlicher Programmcode ergeben kann. Versuchen Sie daher dies durch eine gute und gezielte Planung zu vermeiden.

4.2 Phasenkonzept

Da bei der kommerziellen Softwareentwicklung der Kostenfaktor eigentlich die größte Rolle spielt, muss das Programmziel von Anfang an richtig festgelegt werden.

Plichten- / Lastenheft

Der Zielbeschreibung muss eine genaue Beschreibung der Einzelaufgaben, die durch das Programm gelöst werden sollen, folgen. Daher spricht man hier vom Pflichten- bzw. Lastenheft. Beim Erstellen des Pflichtenhefts können Sie sich darauf beschränken, in einfachen Worten zu beschreiben, was die Anwendung leisten soll. Dabei sollten folgende Ziele enthalten sein:

- Was soll im unterstützten Bereich mit dem Programm erreicht werden?
- Die Funktions-, Daten- und Kontrollstrukturen

Programmleistung

Sie sehen daran, dass definiert werden soll, was das System können muss, aber nicht wie es gelöst werden soll. Bedenken Sie aber auch, dass der Dialog-Anwender Computer geplant werden muss. Dies gilt sowohl für die Anforderung von Eingaben als auch für die Ausgabe am Bildschirm, in Dateien oder über den Drucker. Da im Pflichtenheft alle Leistungsmerkmale des Programms angegeben werden, spricht man hier auch von der Programmleistungs-Spezifikation oder Festlegung.

Nach dem Erstellen des Pflichtenheftes, das schon ein Teil einer Phase der Softwareentwicklung darstellt, werden in der Praxis weitere verschiedene Phasenkonzepte bzw. Modelle benutzt.

Phasenkonzepte

Dabei ist das wesentliche Grundprinzip eines Phasenmodells die strenge sequentielle Abfolge der einzelnen Phasen. Es werden aber auch im bedingten Maße Rücksprünge und / oder Wiederholungen von schon durchlaufenden Phasen erlaubt.

Das Phasenkonzept oder Modell beschreibt das Entstehen der eigentlichen Anwendung von den Anforderungen, siehe Pflichtenheft, bis zur Nutzung bzw. Wartung.

Es haben sich in der Praxis Konzepte mit fünf bis sechs Phasen durchgesetzt. Es gibt aber auch Phasenkonzepte mit zehn und mehr Phasen.

Sechs-Phasen-Konzept

In der Anwendungsentwicklung mit Delphi reicht in den meisten Fällen ein einfaches Konzept mit sechs Phasen aus. Es gründet sich dabei auf das Sechs-Phasen-Konzept von Endres. Es besteht aus den Phasen:

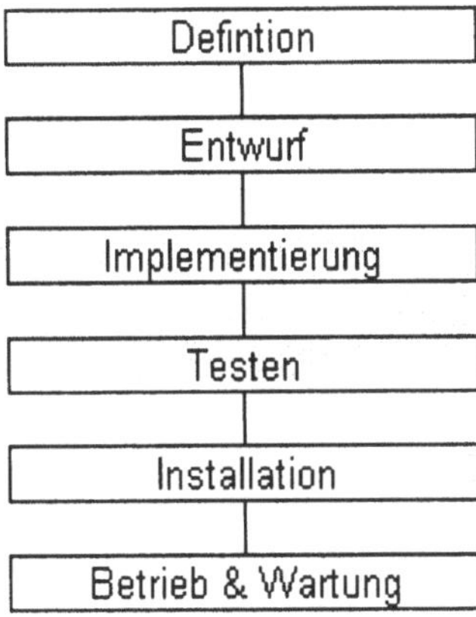

Beim Erstellen der einzelnen Phasen werden die folgenden Inhalte angesetzt:

Definition

In der ersten Phase Definition wird die Programmleistung beschrieben, hierbei handelt es sich meistens um das Pflichtenheft. Es sollte daher in Einzelheiten bekannt sein, was die Anwendung leisten muss. Weiterhin sollten Sie in der ersten Phase einen Programm-Entwurf durchführen, indem Sie genaue Angaben über die Realisierung der Leistungsmerkmale festschreiben. Daraus resultiert letztendlich der eigentliche Lösungsweg zur Programmleistung. Die Definition umfasst im Wesentlichen die Funktions-, System-, Schnittstellen- und Testspezifikationen.

Entwurf

In der zweiten Phase wird der Entwurf festgelegt. Es werden hier die benötigten Algorithmen, bestimmte festgelegte Kriterien und deren logische Formulierungen beschrieben.

Implementierung

In der Implementierungsphase, auch Codierung genannt, wird der Entwurf in die entsprechende Prozedur umgesetzt und der Programmcode erstellt.

Test

In der Testphase werden die einzelnen Schritte zum Testen der Anwendung festgelegt. Auch die Beseitigung der Fehler wird in der Testphase durchgeführt und dokumentiert.

Installation

Die Phase Installation beschreibt die Einführung der Software.

Betrieb & Wartung

Die Phase Betrieb und Wartung legt die einzelnen Betriebs- und Wartungsphasen fest. Sie schließt das Phasenkonzept auch zeitlich ab.

Wie Sie in der Phasenauflistung erkennen können, ist es nicht sonderlich schwierig ein einfaches Phasenkonzept bei der Programmentwicklung zu berücksichtigen. Da es von vornherein ein systematisches Vorgehen erfordert, kann dadurch auch die Qualität eines Programms beeinflusst werden. Beachten Sie hierbei auch, dass sich ein Programm durch seine:

- Benutzerfreundlichkeit, also seine leichte und einfache Handhabung,
- Zuverlässigkeit,
- Wartbarkeit,
- Anpassbarkeit, damit es leicht an weitere Benutzeranforderungen adaptiert werden kann,

auszeichnet.

4.3 Aufwandsfaktoren

Die Aufwandschätzung bildet im Rahmen des Management von DV-Projekten die Basis der Kapazitäts-, Termin- und Kostenplanung. Die tatsächlichen Kosten für die Entwicklung eines Programms hängen sehr stark von der Qualifikation und der Vorgehensweise des Programmierers ab. Bedenken Sie, dass je später ein Fehler entdeckt wird, umso aufwendiger die Kosten für die Korrekturen werden. Daher sind bei der Aufwandschätzung von DV-Projekten folgende Punkte zu beachten:

- Die Einbindung in das Projektmanagement. Die Aufwandschätzung bildet hier die Basis für die Investitionsentscheidungen während des Projektablaufes. Daher ist die Aufwandschätzung unter Ausnutzung des jeweiligen Kenntnisstandes mehrmals zu verschiedenen Zeitpunkten im Projekt durchzuführen, nach Möglichkeit während jeder Phase im Phasenkonzept. Bild 4.1 zeigt den relativen Entwurf der Zeitdauer für die Phasen Entwurf, Codierung und Test.

Abbildung 4.1 Relativer Entwurf

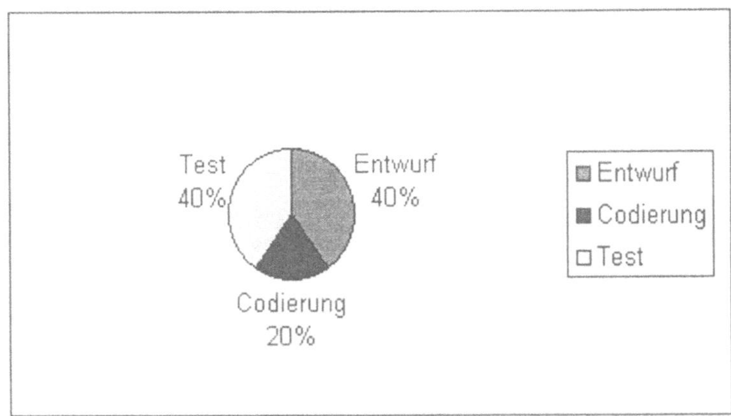

- Die Aufwandschätzung sollte für alle in einem solchen Zusammenhang relevanten Phasen gesondert durchgeführt werden. Ziel dieser Überprüfung muss die Fehlerverhinderung sein. Durch nachträgliche Beseitigung eines Fehlers am Ende des Projektes können ungeahnte Kosten entstehen. Die Detailbetrachtung der Phasen ist in ihrer Gliederung und Feinheit den Bedingungen der gestellten Gegebenheiten anzupassen. Es sind dabei kritische oder bestimmte Abschnitte, die besonders hohe Projektkosten verursachen, zu berücksichtigen.
- Einflüsse auf das Projektziel sind zum einen die zuerfüllende Quantität, angestrebte Qualität sowie die einzuhaltende Projektdauer. Beachten Sie auch, dass der Kommunikations- und Koordinationsaufwand mit jedem am Projekt teilnehmenden Mitarbeiter steigt. So lässt sich die Zeitdauer zwar reduzieren, der Gesamtaufwand steigt jedoch.
- Die Vorgehensweise bei der Aufwandschätzung gestaltet sich also sehr schwierig, als Grundlage der eigentlichen Schätzung dient meist allein die Erfahrung aus schon vorge-

nommenen Projekten oder die Erfahrung eines Experten, er entscheidet letztendlich, welche Einflüsse wie berücksichtigt werden. Die damit verbundenen Risiken sind daher offensichtlich.

Versuchen Sie deshalb auf jeden Fall ein systematisches Vorgegen bei einem Softwareprojekt nach einen von Ihnen vorgenommenen Phasenkonzept zur realisieren. Nur dieses bietet die Grundlage für ein erfolgreiches Programmieren.

4.4 Ergonomie

Software entwickeln heißt heute umso mehr eine Schnittstelle zwischen Anwender und Programm zu schaffen. Das heißt die Computerprogramme werden heute nicht nur umfangreicher, sondern von der Bedienung her auch schwieriger. Der Anwender fühlt sich häufig von der Funktionsvielfalt der Programme überfordert.

Wie Sie sich sicherlich vorstellen können, kostet komplizierte Software Zeit und Geld durch Schulung der Anwender oder durch Fehlbedienung. Daher entwickelt die Software Ergonomie-Kriterien und Methoden zur Gestaltung interaktiver Programme, die den Ansprüchen und Bedürfnissen der User entgegenkommen. So ist es für Sie als Entwickler maßgebend, gravierende Fehler bei der Erstellung von Benutzeroberflächen zu vermeiden, da eine unübersichtlich strukturierte Bedieneroberfläche zu missverständlichen Informationen im Gebrauch führt.

Die wichtigsten Kriterien zur Gestaltung von dialogorientierten Programmen sind:

- Das Programm soll vom User nur Operationen und Kommandos verlangen, die für die Ausführung der jeweiligen Aufgabe unbedingt notwendig sind.
- Der User soll je nach Kenntnisstand das Programm in unterschiedlicher Weise bedienen können. Beispiele sind hier: Maus- oder Menüsteuerung, Shortcuts, Abkürzungen oder Matchcode-Eingaben sowie das Überspringen von Arbeitsschritten und vieles mehr.
- Die Dialogführung des Programms sollte so angelegt sein, dass der User jederzeit weiß, wo im Programm er sich befindet und welchen Zustand das Programm hat. Er muss, auch

ersehen können, welche Kommandos und Operationen zur Zeit möglich sind.

Beachten Sie dass bei der Programmentwicklung der Anspruch auf ergonomische Software für Bildschirmbenutzer gesetzlich festgeschrieben ist. Die EU-Bildschirmarbeitsverordnung hat diese 1996 in deutsches Recht umgesetzt. Entstanden ist die Ergonomienorm ISO 9241, die im Kernpunkt aussagt, dass Software für den User fehlertolerant, leicht zu erlernen und zu bedienen sein muss.

4.4.1 So soll gute Software aussehen

Seit Sommer '98 gibt es auch noch die Norm ISO 13407 zu beachten. Diese legt im Grundsatz fest, dass Benutzer und Experten bei der Softwareentwicklung mit einbezogen sein müssen, und diese die Pflicht haben, erkannte Mängel, die die Ergonomie betreffen, zu beseitigen.

Sie sollten daher bei der Erstellung der Software unbedingt folgende Punkte beachten:

- Sie soll Angaben über die Dialogabläufe machen.
- Es müssen Fehler beschrieben werden und ein Eingreifen des Users muss möglich sein.
- Sie muss den Erfahrungen des Users angepaßt werden.

Mit Einführung der ISO 13407 wurden bestimmte Mindestanforderungen nochmals konkretisiert:

- In den Programmen sollten in der Menüleiste höchstens acht Optionsgruppen eingesetzt werden.
- Alle Fenster besitzen einen eindeutigen Titel.
- Alle Objekte werden mit Hauptwörtern beschrieben.
- Die Aktionen werden mit Verben bezeichnet, wie zum Beispiel abbrechen, weiter oder schließen.
- Die häufig genutzten Informationen werden auf dem Bildschirm oben links angeordnet, da dort die Hauptsichtweise des Anwenders liegt.

Bedenken Sie daher beim Aufbau Ihrer Software, welche Möglichkeiten im Hinblick auf Ergonomie und Design gegenüber den Anwendern geleistet werden können.

4.5 Dokumentation

Die über das Phasenkonzept beschriebenen Abschnitte müssen projektbegleitend dokumentiert werden. Alle diese Dokumente zusammen bilden die Dokumentation. Dazu gehören:

- Die Leistungsbeschreibung
- Die Beschreibungen für die Daten und Prozeduren
- Handbücher
- Programmcode
- Testergebnisse
- Online-Dokumentation bzw. Online-Hilfe

Man kann diese Dokumentation in drei große Teile aufgliedern:

- Benutzerdokumentation
  Hierzu gehören alle Hinweise zur Bedienung der Anwendung. Dabei sollte man Benutzerdokumentation noch unterteilen in eine Einführung und eine Nachschlagewerk.
- Entwicklungsdokumentation
  Hier findet man den inneren Aufbau und die Arbeitsweise der Anwendung.
- Technische Dokumentation
  Die Technische Dokumentation enthält alle Informationen, die für eine spätere Wartung des Programms gebraucht werden.

4.5.1 Datenflussplan und Struktogramm

Bei der Erstellung des Entwurfs wird von vielen Programmierern immer ein grafisches Hilfsmittel eingesetzt. Man unterscheidet hier den Datenflussplan und den Programmablaufplan beziehungsweise das Struktogramm.

Datenflussplan

Beim Datenflussplan wird der als zweckmäßig empfundene Lösungsweg während der Analyse in graphisch übersichtlicher Form dargestellt. Der Datenflußplan stellt dabei unter Verwendung genormter Symbole nach DIN 66001 folgende Merkmale eines Datenablaufes besonders dar:

- die Daten und Datenträger,
- den Datenfluß,
- die Verarbeitungsstationen.

Die folgende Zusammenstellung zeigt die in der Norm DIN 66001 festgelegten Symbole für den Datenflussplan.

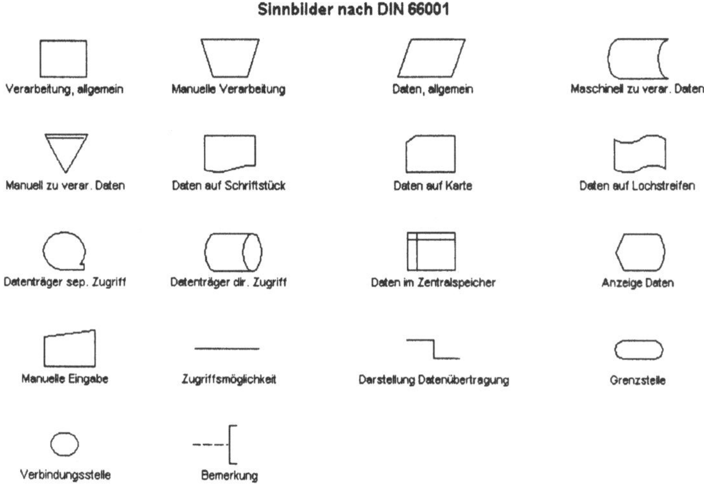

Programmablaufplan

Ein weiteres graphisches Hilfmittel zur Darstellung eines Programmablaufes ist der Programmablaufplan. Er zeigt Ihnen als Programmierer den Weg, den der Computer durchlaufen soll, um die gestellte Aufgabe letztendlich zu lösen.

Dabei beginnt man mit einem groben Blockdiagramm, das im Verlauf der Zeit, immer mehr verfeinert wird, bis sich daraus die Grundlage der Programmcodierung entwickelt hat. Die fertige Grundlage nennt sich Befehlsdiagramm. Die folgende Abbildung zeigt Ihnen die zur Verfügung stehenden Symbole für Programmablaufpläne nach DIN 66001.

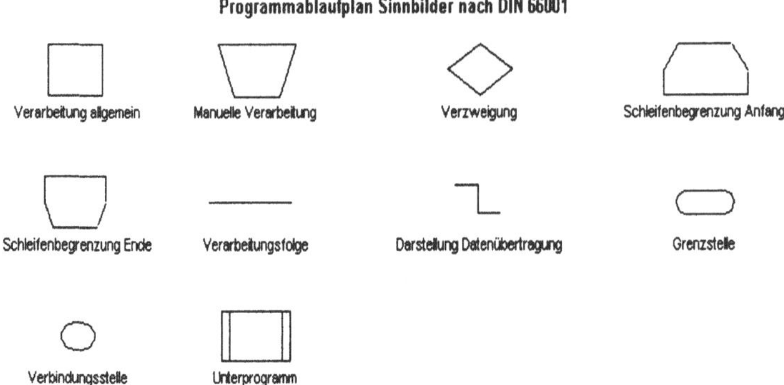

Mit dieser Voraussetzung kann z.B. ein Programmierer eine Lösungsvorschrift sehr einfach in eine Programmiersprache übersetzen. Die Anwendung der Symbole soll an dem nachfolgenden Beispiel gezeigt werden.

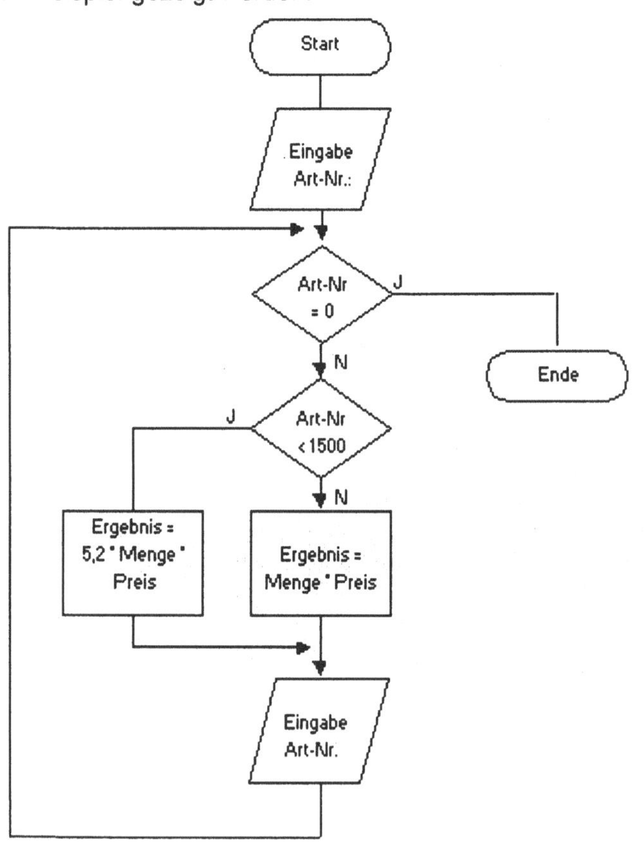

Struktogramm

Das Struktogramm stellt eine andere Form der Darstellung eines Ablaufes dar. Während der Programmablaufplan grundsätzlich auf die Codierung der Anwendung ausgerichtet ist, versucht das Struktogramm immer die eigentlichen Hauptpunkte des Lösungsweges in den Vordergrund zu stellen.

Durch diesen Umstand wird das Struktogramm kürzer und übersichtlicher als ein Programmablaufplan. Daher bietet das Struktogramm die besten Möglichkeiten zur Lösung, wenn es sich um besonders komplexe und stark verzweigte Anwendungen handelt. Wie sich im Struktogramm erkennen lässt, erlaubt der zur Verfügung stehende Raum eine umfangreiche Textdokumentation zur Erläuterung.

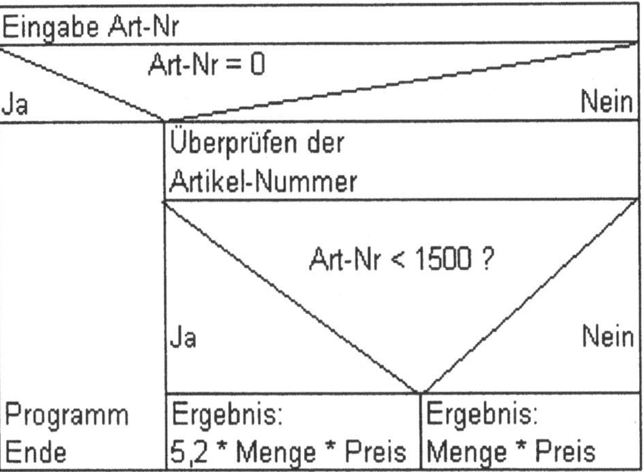

Der Programmablaufplan und / oder das Struktogramm gehören auf jeden Fall zu einer ausgearbeiteten Dokumentation.

Für einen tiefergehenden Einblick in die Entwicklung von Software möchte ich gerne auf das Buch „Methodik der Softwareentwicklung“, Vieweg-Verlag, verweisen.

Teil B
Programmierpraxis

5. Grundlagen der Programmierung

Dieses Kapitel schafft eine Vertiefung der in Kapitel 4 besprochenen Grundlagen. Es werden hier noch Vorschläge zur Programmgestaltung und Normung besprochen.

Weiterhin erfahren Sie das Wichtigste über den speziellen Aufbau von Programmen und Units in Delphi und weitergehend den Aufbau von Informationssystemen und die damit verbundene Nutzbarkeit der Daten.

5.1 Programmgestaltung

Wie Sie schon in Kapitel 4 erfahren haben, gibt es bei der Programmentwicklung einige spezielle Normen zu beachten. Seit der Schaffung von Bedienungssystemen haben sich dafür auch bestimmte Regeln entwickelt.

Bedienung

Vorreiter war hier die Firma IBM mit ihrem 1987 entwickelten SAA-System. Die Abkürzung SAA steht für System-Anwendungsarchitektur und hier ist noch für die heutige Windows-Anwendungsentwicklung und Programmierung der Common User Access, der einheitliche Benutzerzugang, eines der wichtigsten Bestandteile des SAA-System und der sich daraus entwickelten Regeln auch für die Windowsumgebung.

Wichtig für den heutigen User bzw. Anwender ist die Möglichkeit der einheitlichen Bedienung der unterschiedlichen Programme und Systeme. Dabei gilt es folgende Grundlagen einzuhalten:

- Gleichbleibende Tasten- und Mausfunktionen.
- Wenn möglich gleiche Dateneingabe, Auswahl, Farbgebung, Markierung und Scrollfunktionen.
- Die Gestaltung der Hilfestellung, der Nachrichten und sichtbaren Informationen sollte gleich sein.

Weiterhin sollte darauf geachtet werden, welche Funktionen mit der Maus durchführbar sind. Die Maus soll das Anklicken von Objekten, das Doppelklicken sowie das Drag und Drop, also das ziehen und fallen lassen von Objekten ermöglichen.

Beachten Sie aber bitte, dass sich dieses Bedienkonzept immer mehr an dem Verhalten von Web-Browsern orientiert. Das betrifft vor allem die Bedienung mit der Maus. Hier werden die

Funktionen mit einem einfachen, statt doppelten Mausklick gestartet.

Benutzeroberfläche

Bei der Benutzeroberfläche haben sich im Grunde vier Regeln aus der Common User Access heraus kristallisiert. Bitte versuchen Sie diese Regeln bei der Programmentwicklung mit zu berücksichtigen.

- Der User soll im Programm die gleiche Bildschirmgestaltung, Tastatur- und Mausbefehle finden.
- Wichtige Informationen zum Beispiel Meldungsfenster, sollen in der Bildschirmmitte und nicht irgendwo am Rand angezeigt werden.
- Für die gleichen Aktionen sollen die gleichen Tastenkombinationen genutzt werden. Hier gilt, kein Abändern der Tastenkombinationen für den Schriftstil Strg+U, Strg+K und Strg+F oder für das Kopieren Strg+C und Einfügen Strg+V und den Rückschritt über ESC.
- Der Anwender wählt zuerst das Objekt aus und kann dann über den Umgang mit diesem entscheiden.

Wenn Sie die einfachen Regeln der Bedienung in Ihr Programm einfließen lassen, erleichtern Sie damit jedem Anwender den Umgang und die Handhabung.

Bildschrimgestaltung

Delphi stellt mit der visuellen Entwicklungsumgebung eine andere Art des Programmierens dar. Dabei entfällt immer mehr das Zeilenschreiben bei der Programmerstellung. Da es sich um ein grafisch arbeitendes Programmsystem handelt, zeichnen Sie die Benutzeroberfläche, Sie schreiben sie nicht mehr. Dadurch wird aber auch ein Teil des zum Programm gehörenden Codes nicht mehr ohne weiteres direkt zugänglich. Beachten Sie daher nach Möglichkeit die Normen und Regeln zu einer benutzerfreundlichen Bildschirmgestaltung. Auch hier zählt oft, weiniger bei der Gestaltung ist mehr für den Anwender.

5.2 Normen

Neben den schon beschriebenen Normen ISO 9241 und 13407 aus Kapitel 4 sollte sich jeder Programmierer eine eigene Sammlung von Vorschriften anlegen.

Darin sollte enthalten sein:

- Art der Entwicklung.
- Bildschirmlayout.
- Dokumentation.

Diese Grundregeln stellen dann im einzelnen Ihre eigene Norm dar. Das ist um so wichtiger, je mehr Personen an einem Projekt arbeiten.

Da ein Projekt nur erfolgreich abgeschlossen werden kann, wenn alle Programme bzw. alle Module nach denselben Regeln entstehen. Schaffen Sie sich also für Ihre Programmentwicklung eine eigene Norm. Nachfolgend finden Sie noch weitere Hinweise zur Programmentwicklung.

Überdenken Sie dabei auf jeden Fall die einzelnen Abschnitte bevor Sie den Weg von der Aufgabe zum Programm realisieren.

5.2.1 Prozeduren und Variablen

Prozeduren

Trotz der Planung mit einem Phasenmodell ist es unter Delphi nötig, die einzelnen Prozeduren im Programm selber sinnvoll anzuordnen. Dadurch erhöht sich zum einen die Ablaufgeschwindigkeit der Delphi-Projekte, wie auch zusätzlich die Lesbarkeit des Programmcodes. Durch diesen Vorsatz ist es Ihnen dann immer möglich, das Laufverhalten des Programms zu interpretieren.

Dabei ist es auch unter Delphi wie bei allen anderen objektorientierten Sprachen üblich, mit einem kurzen Hauptprogramm zu arbeiten, das die einzelnen Prozeduren als Unterprogramm aufruft.

Weiterhin müssen Sie auch bedenken, dem Benutzer in Ihrer Anwendung immer eine Hilfestellung anzubieten, da er ja mit Sicherheit verschiedene Wahlmöglichkeiten in der Anwendung findet, und Sie nicht erwarten dürfen, dass er alle Feinheiten der Anwendung auswendig lernt. Sie müssen den Anwender also durch eine gezielte Menü- und Benutzerführung durch die Anwendung leiten und unterstützen.

Gespeicherte Daten

Beim Programmieren mit Delphi sollten Sie auch darauf achten, dass das Laufverhalten durch Zugriffe auf gespeicherte Daten beeinträchtigt werden kann. Sie sollen nach Möglichkeit den Zugriff bei großen Dateien von einem langsamen Datenträgermedium vermeiden, da dies auch bei der heutigen sehr schnellen Hardware doch noch sehr lange dauern kann. Denken Sie zum Beispiel an eine große Datenbank, auf die programmtechnisch immer wieder zugegriffen wird.

Ist der verfügbare Arbeitsspeicher groß genug, so wäre es sinnvoller die Tabelle oder Datenbank einfach mitzuladen; sie steht damit für jeden Zugriff sofort zur Verfügung.

Nach diesen Vorüberlegungen sollten Sie unbedingt beginnen, sich eine sogenannte Prozedurtabelle als Grundlage für strukturellen Aufbau der Anwendung anzufertigen. Dies ist neben dem Programmablaufpaln ein weiterer wichtiger Punkt für die Dokumentation eines Projektes.

Prozedurtabelle

Sie sollten in der Prozedurtabelle alle verwendeten Prozeduren in der Reihenfolge aufnehmen, in der Sie dann im Programmcode stehen sollen. Vermerken Sie in der Tabelle auch spezielle programmtechnische Besonderheiten und halten Sie diese beim Programmieren immer auf dem neuesten Stand.

Sie ersparen sich eine Menge Zeit und Nerven, wenn Sie bei großen Projekten immer auf einen Blick wissen, wo sich eine bestimmte Prozedur in Ihrer Anwendung befindet und was diese bewirkt. Achten Sie daher auch auf eine ordnungsgemäße Namensvergabe bei den Prozeduren und gliedern Sie zusammengehörige Prozeduren in einer entsprechenden Unit von Delphi. Berücksichtigen Sie dabei aber den jeweiligen Gültigkeitsbereich der Prozedur.

Variablen

Zu einer guten Dokumentation und allgemein zu der Programmentwicklung gehört auch eine Variablenliste.

Damit läßt sich auch ein eventuell später vorkommender Namenskonflikt ausschließen. Es hat sich daher in der Praxis als sinnvoll erwiesen, vor der Befehlsschreibung eine Variablenplanung durchzuführen und diese in eine Variablenliste einzutragen.

Variablennamen

Delphi unterstützt auch die vollständige Ausschreibung von Variablennamen. Doch Vorsicht, hierbei sollten Sie auf jeden Fall überlegen, ob und inwieweit das wirklich sinnvoll ist.

Als erstes erhöht sich für Sie als Programmierer dadurch die Tipparbeit und man kann zwischen den langen Variablennamen den eigentlichen Programmcode nur noch sehr schwer erkennen. Auch Formeln werden durch diese Art der Deklaration sehr unübersichtlich wie der nachfolgende Ausdruck beweist:

```
Fertigungskosten = Fertigungsloehne + Ferti-
gungsgemeinkosten;
```

Verwenden Sie daher Variablennamen, mit denen Sie sich so einen langen Ausdruck ersparen können. Da Sie ja über eine entsprechende Variablenliste die Namen eindeutig identifizieren können.

Variablenplanung

Sie werden bei der weiteren Programmierung feststellen, dass Sie Ihren eigenen Programmierstil entwickeln. Dies wirkt sich auch auf die Vergabe von Variablennamen aus. Daher sollten Sie einige Überlegungen in die Variablenplanung mit einfließen lassen.

- Die Buchstaben I, J, K, L und X werden sehr häufig als lokaler Schleifenzähler verwendet.
- Sie sollten bei Variablen Großbuchstaben einsetzen, da sich zum Beispiel das kleine i sehr leicht mit der 1 verwechseln läßt oder der Buchstabe O mit der Zahl Null (0).
- Setzen Sie im Programmcode eine Buchstabenkombination ein, so sollten Sie die umgekehrte Kombination auf jeden Fall aussetzen. So zum Beispiel nicht DA und AD verwenden.
- Versuchen Sie nach Möglichkeit eine Kombination aus Buchstaben und Zahlen bei einem Variablennamen zu vermeiden.
- Setzen Sie evtl. auch den Variablentyp vor die Variable wie zum Beispiel intA oder StrB, um zu kennzeichnen, um was für einen Typ es sich handelt.

Geltungsbereich

Bedenken Sie auch von vornherein bei der Anwendungsprogrammierung die unterschiedlichen Geltungsbereiche und die Lebensdauer der verwendeten Variablen.

Datentypen

Verwenden Sie für Ihre benötigten Variablen immer den entsprechenden Datentyp. Durch eine sinnvolle Deklarierung der Variablen können Sie die einzelnen Prozeduren kürzen und Ablaufverhalten schneller machen.

So ist es auf jeden Fall sinnvoll Schleifenzähler im überwiegenden Teil als Byte oder Integer Variable zu deklarieren.

Dateiplanung

Überlegen Sie bitte bei jeder in Angriff zu nehmenden Programmieraufgabe mit Delphi, welche Daten für die Anwendung benötigt werden und wo sich diese befinden (Zugriffsmöglichkeiten). Sie müssen davon ausgehen, dass es für den Benutzer nur interessant ist, mit Ihrer Anwendung zu arbeiten, wenn diese genügend schnell und sicher läuft und auch von der Menü- und Benutzeroberfläche einfach zu bedienen ist.

Da das Ganze aber weitgehend von der richtigen Programmplanung abhängt, sollten Sie sich auf jeden Fall vor der eigentlichen Programmierarbeit intensiv damit befassen. Es erleichtert Ihnen die Programmierarbeit und erlaubt dem Anwender eine bessere und durchdachtere Handhabung der Anwendung.

5.2.2 Speichern

Jeder von Ihnen kennt die lapidaren Fehlermeldungen von Windows, bei denen sich das Programm oder sogar das ganze System verabschiedet.

Speichern Sie daher bei der Programmentwicklung immer die wichtigsten Teile, bevor Sie einen Testlauf durchführen. Dies ist besonders beim Programmieren mit API-Funktionen wichtig, bedenken Sie aber auch, dass vor allem, wenn Sie Programme im Rahmen einer Entwicklungsumgebung wie Delphi schreiben und testen, in der langen Kette der Programme eine Unverträglichkeit auftreten kann.

5.2.3 Zwischenablage

Nutzen Sie als Programmierer die nützliche Zwischenablage von Windows. Da hier die Möglichkeit der Menüfunktionen Ausschneiden, Löschen und Kopieren zur Verfügung steht.

Anwendbar ist die Zwischenablage zum Beispiel sehr gut bei Text. Sie können den dort abgelegten Text solange kopieren, bis der Text dort von neu aufgenommenen Daten überschrieben wird.

5.3 Besonderheiten einer objektorientierten Sprache

Die Besonderheit an Delphi bei der Anwendungsentwicklung ist die objektorientierte Programmiersprache Objekt-Pascal.

Danach besitzt in Delphi jedes Objekt seinen eigenen Speicherbereich, der den Zustand des Objektes und die damit verbundenen objektspezifischen Daten enthält. Dabei können Sie objektspezifische Daten nicht mit anderen Objekten verändern, sondern nur in Form von sogenannten Instanzvariablen auf das Objekt zugreifen.

Instanz

Unter einer Instanz versteht man die Gestalt des Datenobjekts, daher auch der Name Instanzvariable. Sie definiert jede Instanz der Klasse, die diese automatisch erhält.

Zu den Instanzvariablen treten aber noch eine Vielzahl von Methoden und Eigenschaften hinzu. Nur über diese Methoden und Eigenschaften ist ein Zugriff auf das Objektinnere mit den privaten Daten möglich. Dadurch können nur ausdrücklich vorgesehende Zugriffe auf das entsprechene Objekt stattfinden.

Nachrichten

Dabei wird ein Objekt aktiviert, indem es vom Benutzer oder einem anderen Objekt eine Nachricht erhält. Stimmt diese Nachricht mit einer Methode oder Eigenschaft des Objektes überein, so werden die entsprechenden Anweisungen abgearbeitet. Danach kann dann das Objekt programmabhängig über seine Methode Nachrichten an andere Objekte versenden und nimmt damit deren Dienstleistungen in Anspruch.

Hat dabei ein Objekt keine entsprechende Methode oder eine Eigenschaft zur Verfügung, so wird eine entsprechende Nachricht an ein Fehlerobjekt geschickt und der Benutzer davon unterrichtet.

Polymorphie

Auch in Delphi besitzen einige Objekte die gleichen Methoden und Eigenschaften, die darauf verschieden reagieren können. Diese Fähigkeit nennt man in objektorientierten Programmiersprachen Polymorphie.

5.3.1 Klassen

Klassen dienen unter Delphi dazu, Objekte zusammenzufassen und damit für den Anwender verfügbar zu machen. Dafür definiert man eine Klasse und beschreibt, wie ihre Elemente aussehen sollen, das heißt welche Eigenschaften und Methoden sie kennen soll. Vergleichen Sie hier den Abschnitt Komponenten entwickeln aus Kapitel 2.

Die Klasse selbst reagiert dann auf die entsprechend gesendete Nachricht. Dabei sind Klassen in Delphi auch hierarchisierbar. Das heißt Sie können von einer Klasse sogenannte Unterklassen bilden.

Vererbung

Es ist auch möglich, die Methoden und Eigenschaften von einer Objektklasse an eine Unterklasse zu vererben. Dadurch haben Sie die Möglichkeit, die inhaltliche Spezialisierung durch die Hierachisierung der Klassen auszunutzen. Denn bei einer Vererbung der Methoden und Eigenschaften sind diese automatisch in der Unterklasse vorhanden.

5.4 Programmaufbau in Delphi

Beim Start von Delphi wird automatisch eine Projektdatei und ein Formular mit einer Unit-Datei erzeugt. Dabei bleibt die Projektdatei mit dem Vorgabenamen Project1 unsichtbar, bis Sie aus dem Menü Projekt die Funktion Quelltext anzeigen aufrufen.

Abbildung 5.1 zeigt den Quelltexteditor mit dem Quelltext Unit1 für das Hauptformular und den aktivierten Reiter Project1 für die Hauptprojektdatei, die alle Formulare Ihres Programms vereint.

Abb. 5.1 Project1

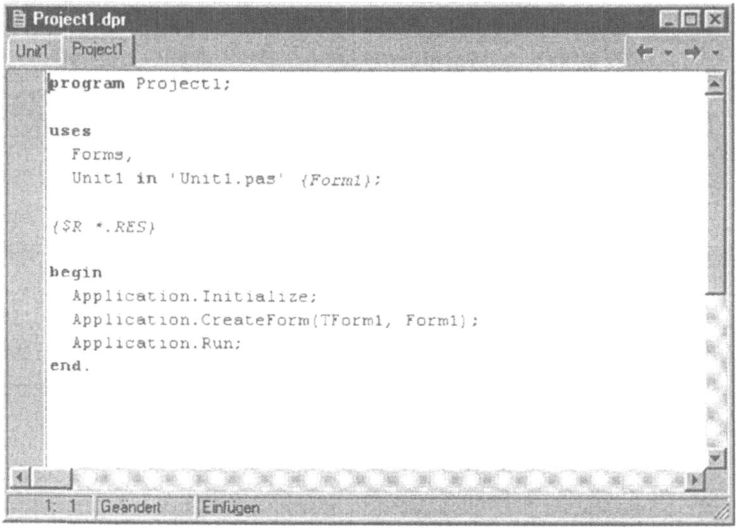

Project1.dpr

Unit1 | Project1

```
program Project1;

uses
  Forms,
  Unit1 in 'Unit1.pas' {Form1};

{$R *.RES}

begin
  Application.Initialize;
  Application.CreateForm(TForm1, Form1);
  Application.Run;
end.
```

1: 1 | Geändert | Einfügen

5.4.1 Die Datei Unit 1

Wird unter Delphi dem Projekt ein Formular hinzugefügt, so erzeugt Delphi eine dazugehörige Unit mit der Bezeichnung Unit1, Unit2, Unit3 und so weiter.

Beachten Sie also, dass die Unit nur von einem Hauptprogramm oder einer anderen Unit verwendet werden kann. Eine Unit besteht dabei immer aus drei Teilen, wie Sie es in Abbildung 5.2 erkennen können.

In der ersten Zeile teilt Delphi Ihnen mit, um was für eine Datei und um welche Art von Datei es sich handelt. Danach folgt der Interfaceabschnitt, dieser stellt die Schnittstelle dar.

Alles was Code-mäßig in diesen Abschnitt eingetragen wird, ist für andere Programme und Units sichtbar und kann von diesen genutzt werden.

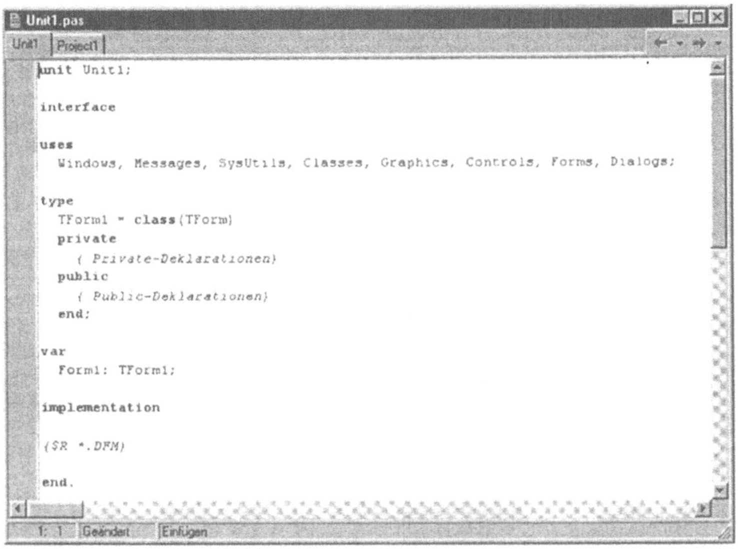

Abb. 5.2 Unit 1

```
unit Unit1;

interface

uses
  Windows, Messages, SysUtils, Classes, Graphics, Controls, Forms, Dialogs;

type
  TForm1 = class(TForm)
  private
    { Private-Deklarationen}
  public
    { Public-Deklarationen}
  end;

var
  Form1: TForm1;

implementation

{$R *.DFM}

end.
```

Der Interfaceabschnitt beginnt also direkt mit dem reservierten Wort Interface und erstreckt sich bis zum Anfang des Schlüsselwortes Implementation.

Nachfolgend finden Sie die Uses-Klausel von Delphi. Dabei handelt es sich um Standard-Units, die eine Liste anderer Units darstellen, von denen diese spezielle Unit abhängt. Die wichtigsten dabei sind:

Windows

Ermöglicht den Zugriff auf Funktionen, Datentypen und Konstanten der drei Windows-Bibliotheken GDI, Kernel und User.

Massages

Enthält nummerische Konstanten von Windows-Meldungen und Datentypen.

SysUtils

Bietet eine Vielzahl von Systemdiensten an.

Classes

Hierunter finden sich die wichtigsten Komponenten von Delphi.

Graphics

Beinhaltet die zur Benutzung notwendigen grafischen Elemente.

Controls

Dieses Unit besteht aus weiteren Elementen des Komponentensystems.

Forms

Unter Forms befinden sich die Formular- und unsichtbaren Komponenten von Delphi.

Dialogs

Dialogs beherbergt die Standarddialog-Komponenten von Delphi.

Nach der Uses-Klausel folgt die Typdeklaration sowie der Variablendeklarations-Block. Da sich diese in der Schnittstellendefinition befinden, können hier alle Programme und Units zugreifen.

Compiler-Direktive

Das leere Projekt in diesem Beispiel enthält im Implementations-Abschnitt nur die Compiler-Direktive {$R *.DFM}.

Diese Zeile weist Delphi an die grafische Formulardatei mit der Unit zu verknüpfen. Delphi ersetzt hier automatisch das Sternchen durch den Namen der Unit.

Beachten Sie bitte, dass Sie mit der Compiler-Direktive die Funktion des Delphi-Compilers steuern können. Sollten Sie erst in den Anfängen mit Delphi stehen, so ändern Sie die Direktive nicht selber. Erst wenn Sie sich wirklich gut auskennen und Ihr Projekt es eventuell verlangt, können Sie die Direktive ändern um zum Beispiel eine bedingte Kompilierung durchführen.

Units hinzufügen

Beziehen Sie sich aus einer Unit heraus auf eine andere, so müssen Sie einen Eintrag in der Uses-Klausel durchführen. Sollten Sie dies vor dem Kompilieren übersehen haben, macht Delphi Sie über ein Meldungsfenster darauf aufmerksam und fügt den Eintrag beim Quittieren mit Ja automatisch hinzu.

5.4.2 Die Projektdatei

Die Projektdatei von Delphi enthält zentrale Verwaltungsinformationen innerhalb des Projektes. Da diese Datei selbständig verwaltet wird, ist es nicht notwendig, in ihr Veränderungen vorzunehmen.

Abb. 5.3 Projektdatei

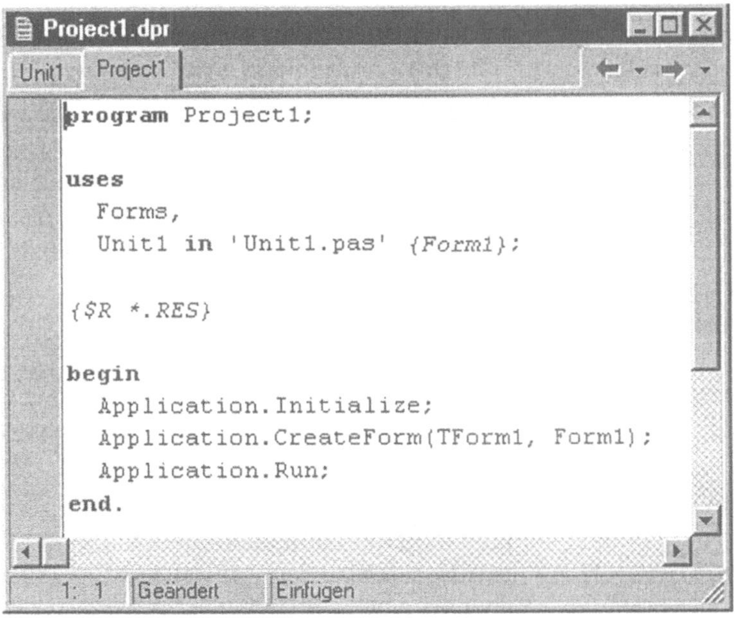

Project1.dpr

Unit1 | Project1

```
program Project1;

uses
  Forms,
  Unit1 in 'Unit1.pas' {Form1};

{$R *.RES}

begin
  Application.Initialize;
  Application.CreateForm(TForm1, Form1);
  Application.Run;
end.
```

1: 1 | Geändert | Einfügen

Das erste Schlüsselwort Programm zeigt an, dass es sich um eine Anwendung mit der Bezeichnung Projekt1 handelt. Auch hier informiert die Anweisung Uses darüber, welche Units in das Projekt eingebunden werden sollen.

Die hier verwendete Compiler-Direktive $R bestimmt, dass die kompilierte Ressourcendatei (*.RES) mit eingebunden werden soll.

Der nachfolgende Objekt-Pascal-Code leitet mit begin das Projekt ein, führt verschiedene Initialisierungen durch, lädt das übergebene Formular und startet die Anwendung über Application.Run. Das Schlüsselwort end. beendet den Haupt-Quelltextblock des Projektes.

Wie Sie erkennen können, übernimmt Delphi in Bezug auf Projekt- und Unit-Verwaltung schon automatisch sehr viel Arbeit. Ihre Aufgabe ist es dieses mit guten lesbaren Programmcode zu füllen, um ein schnelles, lauffähiges Programm zu kreieren.

5.5 Aufbau von Informationssystemen

Dieser Abschnitt führt Sie in die Erläuterungen von Informationssystemen für die Datenanalyse ein. Er zeigt auf, welche Arten von Informationssystemen es gibt und was bei der Handhabung beachtet werden muss.

Im Kapitel 9 Informationssysteme entwickeln steht Ihnen eine Musteranwendung zu dieser Thematik zur Verfügung. Diese Musteranwendung benötigt aber gutes Datenbank-Grundwissen in Delphi. Sie sollten daher auf jeden Fall vorher das Kapitel 7 Datenbankprogrammierung mit Delphi lesen.

5.5.1 Daten nutzbar machen

Heute kommen in einem Geschäftsbetrieb unzählige Daten zusammen. Dabei handelt es sich meistens um ein vorliegendes Überangebot, so dass es nicht ohne Aufwand möglich ist, diese große Datenmenge in nutzbare Informationen umzuwandeln.

Information

Die Wirtschaft spricht bei Informationen von Idealgütern. Diese können aber glücklicherweise gespeichert und so für eine spätere Nutzung aufbewahrt werden. Sie können auch durch Verknüpfung mit anderen Informationen zu neuen Informationen weiterverarbeitet werden.

So kommt für die Informationsbeschaffung zum Beispiel eine Zusammenarbeit mit Instituten und Verbänden infrage. Dabei muss bei der Bearbeitung der Daten die Qualität und Aktualität der Inhalte sichergestellt werden.

Unterscheiden Sie bei solchen Gelegenheiten auch gleich die Informationen. So müssen Daten, die nur in Rohform zur Verfügung stehen, als Information für Datenträgersysteme nutzbar gemacht werden. Treffen Sie hier Unterscheidungen zum Beispiel in Bedarfsinformationen und Angebotsinformationen für den Einkauf.

Um die Daten als Information zur Verfügung zu stellen, bedarf es eines gut durchdachten Konzepts. Ist dies jedoch nicht vorhanden, entsteht bei der heutigen Informationsflut zum Beispiel in einem Intranet sehr schnell ein Datenfriedhof. Aus diesen Gründen entsteht heute immer mehr der Ruf nach gut organisierten Informationssystemen.

5.5.2 Informationssysteme

Die pragmatische Definition eines Informationssystem ist dabei recht einfach. Es muss hauptsächlich die drei folgenden Anforderungen erfüllen:

- im Unternehmen den Führungsprozeß durch die rechtzeitige Bereitstellung relevanter Daten zu unterstützen.
- muß als Datenbanksystem aufgebaut sein.
- Computer- und Netzwerkgestützt (Intranet) arbeiten.

Das System lebt

Beachten Sie bitte bei Informationssystemen, dass sich die Anforderungen an ein System ständig ändern. Daher müssen sich Änderungswünsche sehr schnell und kurzfristig umsetzen lassen. Auch hier ist ein Phasenkonzept unersetzlich.

Weiterhin werden auch Planungssysteme zu Informationssystemen gezählt. Da sich in der heutigen Zeit durch das Intranet und Internet aber der Hauptteil auf das Management richtet, werden die Systeme auch MIS genannt. MIS steht für Management-Informationssystem.

5.5.3 Arten und Inhalte

Für die Arten und deren Inhalte haben sich folgende Formen bei Informationssystemen durchgesetzt:

- auf konkrete betriebliche Funktionen und Aufgaben ausgerichtet.
- auf Datenbasis von Bedarfsinformationen und Angebotsinformationen.

Der Aufbau des Informationssystems ist allerdings im Wesentlichen von der Form der Unternehmenshierachie, der Herkunft und Aufbereitung der Daten, den DV-technischen Möglichkeiten zum Beispiel lokale Rechner, Netzwerk, Globales Netzwerk, Internet und den Vorschriften des Datenschutzes abhängig.

Die einzelnen Arten der Informationssysteme setzen sich zusammen aus:

- MIS -> Management-Informationssysteme
- FIS -> Fachinformationssysteme
- Dokumentations-Informationssysteme
- Verhandlungs-Informationssysteme

Bei Informationssystemen werden hauptsächlich zur Datenanalyse entsprechende Datenbanksysteme zum Auslesen und Bereitstellen der Daten verwendet.

Diese Daten werden dann in den meisten Fällen mit Hilfe von Grafik- oder Tabellenkalkulationsprogrammen in ansprechende Berichte oder Präsentationsgrafiken umgewandelt.

Daher besteht ein Informationssystem aus den drei Teilen:

- Datenverarbeitungsanlage
- Datenbanksystem
- Auswertungsprogramm

Im Kapitel 8 wird hierzu eine passende Musterlösung für ein Management-Informationsystem zur Verfügung gestellt.

6. Dynamische Datenstrukturen

Diese Kapitel zeigt die Grundlagen von Pointern, linearen Listen und Baumstrukturen auf.

Weiterhin erfahren Sie etwas über die Leitung einzelner Sortiermethoden. Am Ende des Kapitel sind einzelne Prozeduren und Funktionen für die dynamische Speicherverwaltung angegeben.

Bei den nachfolgenden Programmbeispielen handelt es sich um Textbildschirm-Anwendungen. Sie müssen diese also als Konsolenanwendung compilieren. Die Einstellung hierfür finden Sie im Menü Projekt/Optionen auf der Registerkarte Linker.

Wofür dynamische Datenstrukturen

Beachten Sie, dass dynamische Datenstrukturen in der Programmierung dann benötigt werden, wenn nicht von Anfang an der Speicherplatzbedarf bestimmt werden kann.

Das ist zum Beispiel beim Sortieren von Objekten der Fall, da man oft nicht vorhersehen kann, wieviele Objekte bearbeitet werden müssen. Auch dort wo sich Datensätze in ändernden Relationen zueinander befinden, benötigen Sie dynamische Datenstrukturen.

6.1 Rekursion

Unter Rekursion versteht man die Definition einer Funktion durch sich selbst. Das heißt eine rekursive Struktur ist eine Struktur, innerhalb derer ein oder mehrere rekursive Datentypen auf sich selbst definiert oder als Definition enthalten sind.

Rekursive Datentypen

Das wesentliche Merkmal einer rekursiven Struktur ist es, ihre Größe zu verändern. Der Compiler kann also einer solchen Variablen keine fest Adresse zuweisen. Der Speicherplatz muß also während der Programmausführung dynamisch auf dem Heap reserviert werden.

Ein Beispiel für einen rekursiven Datentyp ist folgender Pascal-Code:

```
Type
  Person = RECORD
           Name     : String;
           Vorname  : String;
           Strasse  : String;
           Plz      : Integer;
           Ort      : String;
  End;
```

6.2 Pointer

Unter Pointer, zu deutsch Zeiger, versteht man eine Variable, die die Adresse oder die Funktion als Wert von einer bestimmten Variable enthält.

Pointer stellen somit eine sehr leistungsfähige Komponente bei der Arbeit mit rekursiven Strukturen dar.

Beachten Sie daher, dass es sich bei einem Pointer um einen speziellen Datentyp handelt. Die Werte dieses Datentyps sind physikalische Anfangsadressen von Speicherbereichen.

Pointer-Konzept

Pointertypen ermöglichen also in der Programmierung, alle Formen von Daten schnell und effektiv verfügbar zu halten, da nur die Adresse abzufragen ist, die der Pointer vergibt.

Damit können verkettete Listen und binäre Bäume, die eigentlich die wichtigsten dynamischen Strukturen darstellen, im Speicher aufgehoben werden. Weiterhin sind Programme, die mit Pointern arbeiten, sehr gut lesbar, weil die Vernetzung von Pointern einer Darstellung von Graphen entspricht.

Vorteile

Pointer-Variablen sind aus vier Gründen von Vorteil:

- Sie ermöglichen den Aufbau und die Änderung von dynamischen Datenstrukturen.
- Es können Funktionsparameter übergeben werden. Die Funktion kann Variablenwerte außerhalb der Funktion abändern.
- Es können verschiedene Datenobjekte angesprochen werden.
- Sie steigern mit Pointer die Effektivität Ihrer Anwendung.

Nachteil

Gehen Sie nicht sorgfältig mit der Adressierung der Pointer-Variablen um, so kann dies zu einem ungewollten Systemabsturz führen.

Zuweisung von Pointern

Sie müssen den Pointer vor der Verwendung initialisieren. Diese Notwendigkeit ist bei einem Zeiger unverzichtbar, da ein nicht initialisierter Zeiger versehentlich auf eine nicht vorhersagbare Speicherstelle verweisen kann.

Dadurch können aber sehr große Fehler im Programm entstehen, die sogar zum Systemabsturz führen können.

Die Konstante NIL

Damit das nicht so schnell passiert, existiert die Konstante NIL, initialisieren Sie am Programmbeginn alle Pointer mit NIL, so verhindern Sie, dass versehentlich auf eine falsche Speicheradresse zugegriffen wird.

Rekursionsabbruch mit NIL

Beim Arbeiten mit rekursiven Strukturen ist es notwendig, diese definiert abbrechen zu können. Auch hierfür wird jedem Pointer der Wert NIL zugewiesen. Dadurch wird die Diskriminator-Information in den Wert des Pointers selbst aufgenommen.

6.2.1 Deklaration

Ein Pointer wird in Delphi mit

```
PointerName : ^Integer;
```

deklariert. Die Deklaration stellt also einen Pointer auf einer Integervariable dar.

Adresse ermitteln

Um die Adresse einer Variablen den Pointer zuweisen zu können, benutzen Sie in Objekt-Pascal den @-Operator.

Der Code lautet wie folgt:

```
PointerName := @VariableName;
```

Alternativ können Sie auch die Funktion Addr einsetzen:

```
PointerName := Addr(VariableName);
```

auch die Funktion Addr(VariableName) liefert die Adresse der Variable VariableName. VariableName stellt dabei eine beliebige Variable, Funktion oder Prozedur dar.

Um in Pascal eine Speicherstelle anzusprechen, auf die der Pointer verweist, verwenden Sie einfach:

```
PointerName^
```

Dabei muss der Pointervariable allerdings die Adresse der Variable zugewiesen worden sein.

6.2.2 Dereferenzierung

Unter Dereferenzierung verseht man den Zugriff über den Pointer auf die Speicherstelle, auf die der Pointer zeigt. Dadurch kann man den Inhalt der Variable sehr schnell und effektiv verändern.

Über den Befehl:

```
PointerName^ := 300;
```

wird der Inhalt der Variable auf die der Pointer zeigt auf 300 verändert.

6.2.3 Prozeduren für Pointer

New

Über die Prozedur New können Sie für eine Pointervariable einen zugewiesenen Speicherbereich reservieren.

```
Var
   Pointer : ^Integer;

Begin
     New(Pointer);
     Pointer^ := 300;
End.
```

Sie reservieren hiermit den angegebenen Speicherbereich für die dynamische Variable.

Dispose

Über die Prozedur Dispose geben Sie den durch New reservierten Speicherbereich wieder frei:

```
Dispose(Pointer);
```

Danach ist der Pointer aber nicht mehr definiert. Ein neuerlicher Zugriffsversuch führt nun zu einem Fehler.

GetMem

Die Prozedur GetMem ermöglicht Ihnen das Erzeugen einer dynamischen Variablen mit einem Pointer, dem der reservierte Speicher zugewiesen werden kann. Die Größe der dynamischen Variable kann in Byte angegeben werden.

FreeMem

Über die Prozedur FreeMem geben Sie die angelegte dynamische Variable von einer angegebenen Größe wieder aus dem Speicher frei.

Wie Sie erkennen konnten, stellen Pointer Variablen dar, die die Adresse einer bestimmten Variable enthalten. Daher sind sie für den Einsatz in Listen und Bäumen hervorragend geeignet.

6.3 Lineare Listen

In der Programmierung werden Listen verwendet um Verbindungen zwischen mehreren Elementen zu erhalten.

Geht dabei von jedem Knoten nur eine gerichteter Pfeil (das Kreuzprodukt der Konten, Kanten genannt) aus, so spricht man von einer linearen Liste.

Abb. 6.1: Lineare Liste

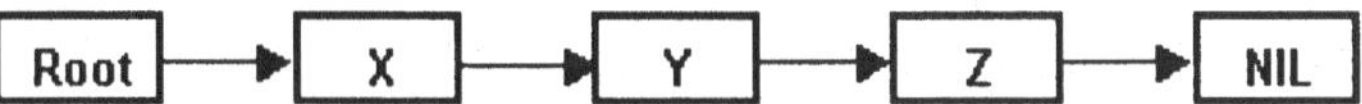

Die Verkettung einer solchen Liste wird mit Hilfe eines Pointers realisiert. Die Konten einer Liste haben dabei nur einen Nachfolger.

Die lineare Liste stellt damit ein sogenanntes eindimensionales Netz dar. Jeder Knoten enthält dabei einen Pointer, der auf den nächsten Knoten zeigt.

Den Anfang der Liste bildet die Root, hierbei handelt es sich um einen Pointer, der auf den ersten Knoten deutet. Der letzte Pointer besitzt in der Liste den Wert NIL. Darüber wird das Ende der Liste erreicht.

Somit kann die Typdefinition einer linearen Liste in Objekt-Pascal wie folgt lauten:

```
Type  Datentyp = Char;
      Zeichen  = RECORD
          Data : DataType;
          NaechstesZeichen : ^Zeichen;

      End;
```

6.3.1 Die wichtigsten Listen-Operationen

Die wichtigsten Listen-Operationen die auf eine lineare Liste wirken können sind:

- Feststellen ob ein Datenelement in der Liste enthalten ist.

- Einfügen eines Datenfeldes in die Liste.
- Löschen eines Datenfeldes in der Liste.

Die Operation Einfügen wird auch als Insert und löschen als Delete bezeichnet.

Prüfen ob ein Datenelement vorhanden ist

Member

Als Member bezeichnet man die Operation zum Feststellen, ob ein Datenelement in der Liste enthalten ist.

Eine Prozedur Member läuft die Liste solange ab, bis entweder eine gesuchte Komponente gefunden wurde und gibt dann den Wert TRUE zurück oder, sollte die Suche ergebnislos verlaufen, FALSE zurückgegeben wird.

Die nachfolgende Beispielanweisung sucht nach dem Element, dessen Komponente Data = 'X' ist:

```
Ergebnis := False;
SuchePtr := Root;

While(Not(Ergebnis)) AND (SuchePtr<>NIL) DO
  IF SuchePtr^.Data = 'X' Then
     Ergebnis := True;
  ELSE
     SuchePtr := SuchePtr^.NaechtesZeichen
```

Die Prozedur gibt also den Wert TRUE zurück, wenn ein Element in der Liste im Kopf (Root) oder im Rest enthalten ist.

Einfügen eines Elements am Ende der Liste

Das Einfügen eines Elements am Ende der Liste stellt sich sehr einfach dar, da das Ende der Liste durch den Pointer NIL markiert ist.

Die nachfolgende Anweisung zeigt unter Zuhilfenahme eines Hilfe-Pointers, wie das Anfügen eines neuen Elements 'U' geschieht.

```
SuchePtr := Root;
New(HilfePtr);
HilfePtr^.NaechstesZeichen := NIL;
HilfePtr^.Data := 'U';
```

```
While SuchePtr^.NaechstesZeichen<>NIL DO
      SuchePtr := SuchePtr^.NaechstesZeichen

      SuchePtr.NaechstesZeichen := HilfePtr;
```

Löschen eines Elementes in der Liste

Die nächste Operation besteht im Löschen eines Elements in der Liste. Sie benötigen dazu einfach einen weiteren Hilfe-Pointer.

Der erste soll auf das zu entfernende Element zeigen, der zweite jedoch auf den Vorgänger.

Die entsprechende Pascal-Anweisung hat daher folgendes Aussehen:

```
HilfePtr2^.NaechstesZeichen := HilfePtr1^.
                                NaechstesZeichen
```

Wie Sie an diesen Anweisungen erkennen können, sind die Grundoperationen zur Bearbeitung von linearen Listen erfreulich kurz zu realisieren.

6.4 Bäume

Unter einem Baum versteht man einen zusammenhängenden Graphen, bei dem von jedem Knoten zu jedem anderen nur ein Weg führt.

Abb. 6.2.: Baum

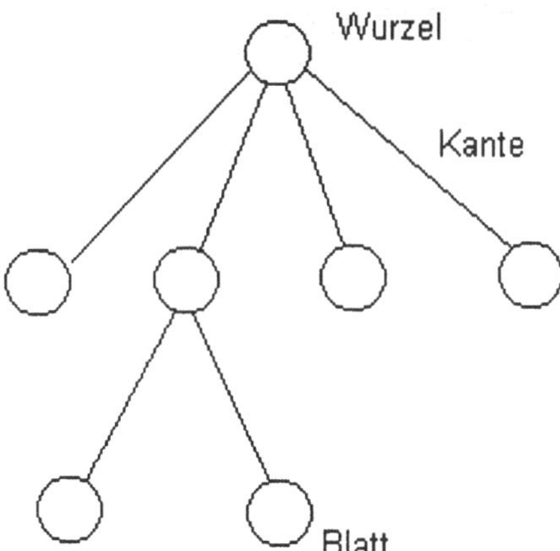

Der Baum stellt dabei die Bezeichnung für eine der wichtigsten dynamischen Datenstrukturen dar. Bäume werden daher hauptsächlich bei hierarchischen Beziehungen und bei rekursiven Strukturen verwendet.

Bäume bieten den Vorteil, dass man an ihnen sehr schnell einfache Änderungen vornehmen kann. Pascal stellt zwar keinen vordefinierten Baum-Datentyp zur Verfügung, dennoch können Sie Baumstrukturen aufbauen und diese manipulieren.

Dabei übernehmen Datenobjekte die Aufgabe der Konten; die Kanten werden, wie schon bei der linearen Liste, mit Hilfe von Pointern realisiert.

6.4.1 Binär-Baum

Hat jeder Knoten höchstens zwei Kanten, so spricht man von einem Binär-Baum. Da dieser in der Praxis der am häufigsten verwendete Baumtyp ist, beziehen sich die nachfolgenden Darstellungen auf diesen Baumtyp.

Hat der Baum statt zwei Kanten mehr, so spricht man von einem Vielweg- oder Mehrwegbaum.

Pointer für den Binär-Baum

Im Gegensatz zu der linearen Liste kann der Binär-Baum maximal zwei Kanten besitzen, daher benötigen Sie für den Einsatz zwei Pointerkomponenten, die jeweils auf die Teilbäume verweisen.

Sie können daher einen Binär-Baum mit der nachfolgenden Pascal-Definition festlegen:

```
Type
     DataType = Char;
     BaumPtr  = ^Baum;
     Baum     = RECORD
                  Data       : DataType;
                  LinksPtr   : BaumPtr;
                  RechtsPtr  : BaumPtr;
     End;
```

Die Struktur erhält dabei zwei Pointer. Dabei verweist der Pointer LinksPtr zum linken und RechtsPtr zum rechten Nachfolgeknoten.

6.4.2 Traversieren des Binär-Baums

Die wichtigsten Operationen auf binäre Bäume sind auch wie bei einer linearen Liste das Durchlaufen, Suchen, Einfügen und Löschen von Elementen bzw. von Knoten.

Traversieren

Das Durchlaufen einer Baumstruktur bezeichnet man als Traversieren.

Für das Traversieren von Baumstrukturen werden drei rekursive Algorithmen als Standardstrategien eingesetzt.

Diese verwenden die Bezeichnungen Postorder, Preorder und Inorder. Dabei werden hier die Knoten eines Baumes genau einmal aufgesucht, jedoch jeweils in einer anderen Reihenfolge.

Die nachfolgenden Ausführungen beziehen sich auf den Beispiel- Baum aus Abbildung 6.3. .

Abb. 6.3.: Binär-Baum

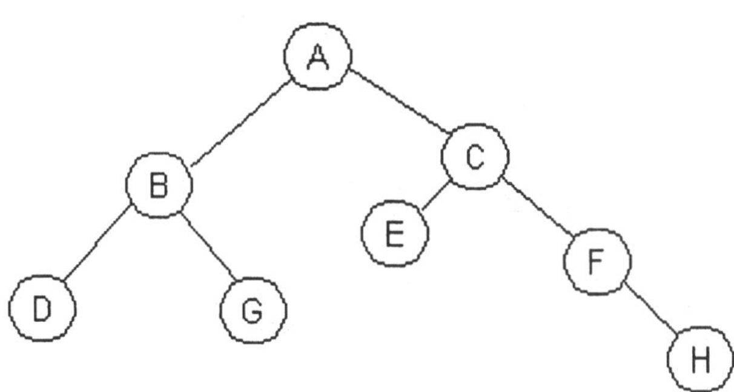

6.4.3 Postorder

Der Algorithmus Postorder durchläuft einen binären Baum nach folgendem Schema:

- Beginne mit dem Wurzelknoten.
- Besuche einen Knoten immer erst nach dem Nachfolgeknoten.
- Besuche immer den linken Nachfolgeknoten vor dem rechten.

Postorder liefert daher die folgende Zeichenfolge als Ergebnis:

- Zeichenfolge: D, G, B, E, H, F, C, A

Die dazugehörige rekursive Pascal-Prozedur lautet:

```
Prozedur Postorder(P:BaumPtr);
  Begin
    IF P <> NIL Then
    Begin
      Postorder(P^.LinksPtr);
      Postorder(P^.RechtsPtr);
      Writeln(P^.Data);
    End;
End;
```

6.4.4 Preorder

Der Algorithmus Preorder durchläuft einen binären Baum nach folgenden Schema:

- Beginne mit dem Wurzelknoten.
- Besuche einen Knoten immer vor seinen unmittelbaren Nachfolgeknoten.
- Besuche immer den linken Nachfolgeknoten vor dem rechten.

Preorder liefert daher aus der Baumdarstellung aus Abbildung 6.3. das folgende Resultat:

- Zeichenfolge: A, B, D, G, C, E, F, H

Die hierzugehörige rekursive Prozedur lautet:

```
Prozedur Preorder(P:BaumPtr);
   Begin
     IF P <> NIL Then
     Begin
       Writeln(P^.Data);
       Preorder(P^.LinksPtr);
       Preorder(P^.RechtsPtr);
     End;
   End;
```

6.4.5 Inorder

Der Algorithmus Inorder durchläuft einen binären Baum nach dem folgenden Schema:

- Beginne mit dem Wurzelknoten.

- Besuche vor dem Knoten immer erst den linken Nachfolgeknoten.
- Besuche nach dem Knoten den rechten Nachfolgeknoten.

Inorder liefet daher folgendes Ergebnis:

- Zeichenfolge: D, B, G, A, E, C, F, H

Die rekursive Prozedur zu Inorder lautet:

```
Prozedur Inorder(P: BaumPtr);
   Begin
     IF P <> NIL Then
     Begin
       Inorder(P^.LinksPtr);
       Writeln(P^.Data);
       Inorder(P^.RechtsPtr);
     End;
   End;
```

6.4.6 Binärer Suchbaum

In der Informatik bezeichnet man einen Baum als binären Suchbaum, wenn er folgende Eigenschaften aufweist:

- Jeder Knoten enthält genau einen Suchschlüsselwert, wobei kein Schlüsselwert mehrfach auftreten darf.
- Datensätze, deren Werte kleiner als der Wert des Knotens sind, befinden sich im linken Unterbaum, Werte die größer sind, befinden sich im rechten Unterbaum.

Suchen im Baum

Soll nun in einem solchen Baum ein Knoten (Element) gesucht werden, benötigen Sie eine Funktion, die die Methode des Suchens durchführt.

Der nachfolgende Beispielausdruck formuliert diese Funktion, sie liefert den Wert NIL, wenn der Knoten nicht gefunden wird.

Die Funktion benutzt dabei die Variable Pointer als Rückgabetyp.

```
Function(Info:DataType; SuchePtr:BaumPtr)
                                    :Pointer;
   Begin
     IF SuchePtr^.Data = Info Then
        Suchen := SuchePtr;

     ELSE
```

```
        If Info > SuchePtr^.Data Then
           Suchen := Suchen(Info, SuchePtr.
                                        Rechts);
        ELSE
        Suchen := Suchen(Info, SuchePtr.
                                      LinksPtr);
        End
     ELSE

      Suchen := NIL;

   End;
```

Wie Sie erkennen können, ist das Durchsuchen eines binären Suchbaums nach einem bestimmten Schlüsselwert eine recht einfache Angelegenheit. Die Funktion Suchen liefert im Erfolgsfall den gesuchten Knoten zurück, andernfalls wie schon erwähnt den NIL-Pointer.

6.4.7 Knoten einfügen

Das Einfügen eines Knotens im binären Baum erfolgt immer an dem leeren Unterbaum, in dem sich der Pointerwert NIL befindet.

Dieser Vorgang läßt sich sehr einfach in einer entsprechenden Prozedur darstellen. Im Nachfolgenden wird die Prozedur Einfuegen formuliert:

```
Prozedur Einfuegen(Info: DataType, SuchePtr:
                                        BaumPtr);
Begin
  IF SuchePtr = NIL Then
     Begin
        New(SuchePtr);
        SuchePtr^.Data := Info;
        SuchePtr^.LinksPtr := NIL;
        SuchePtr^.RechtsPtr := NIL;
     End
  ELSE
     Begin
       IF Info > SuchePtr^.Data Then
            Einfuegen(Info,RechtsPtr);
       IF Info > SuchePtr^.Data Then
            Einfuegen(Info,LinksPtr);
     End
  End;
```

6.4.8 Knoten löschen

Das Löschen eines Knoten stellt die umfangreichste Operation auf einem binären Baum dar. Abhängig von der Position des zu löschenden Knotens lassen sich drei spezielle Fälle unterscheiden.

- Der einfachste Fall ist das Löschen eines Blattknotens. Hierfür muss nur die Verbindung zwischen den beiden Knoten getrennt werden.
- Der zweite Fall liegt vor, wenn der zu löschende Knoten genau einen Unterbaum hat. Der unmittelbare Nachfolger belegt dann den Platz des gelöschten Knotens.
- Der dritte Fall liegt vor, wenn der zu löschende Knoten zwei direkte Nachfolger besitzt. In diesem Fall müssen Sie den ausgewählten Knoten durch den größten Nachfolgeknoten des linken Unterbaums ersetzen.

Die Prozedur Loeschen zeigt diese Methode auf. Beachten Sie, dass am Ende der Speicherplatz des Knoten K^ wieder freigegeben wird.

```
Prozedur Loeschen(Info: DataType: SuchePtr:
                                  BaumPtr);
Var Pointer : BaumPtr;
  Prozedur Loesche(K : BaumPtr);
  Begin
    IF K^.LinksPtr <> NIL Then
       Delete(K^.LinksPtr);
    ELSE
      Begin
        Pointer^.Data := K^.Data;
        Pointer := K;
        K := K^.RechtsPtr;
      End;
   End;
Begin
  IF SuchePtr <> NIL Then
   IF Info > SuchePtr^.Data Then
      Loeschen(Info,SuchePtr^.RechtsPtr);
   ELSE
  IF Info < SuchePtr^.Data Then
      Loeschen(Info,SuchePtr^.LinksPtr);
   ELSE
     Begin
       Pointer := SuchePtr;
      IF Pointer^.RechtsPtr = NIL Then
         SuchePtr := Pointer^.LinksPtr;
```

```
            ELSE
              IF Pointer^.LinksPtr = NIL Then
               SuchePtr := Pointer^.LinksPtr;
         ELSE
           Delete(Pointer^.RechtsPtr);
         Dispose(Pointer);
        End
      End;
```

6.5 Sortieren

Das Sortieren von Datensätzen mit verschiedenen Kriterien gehört heute zu den Grundaufgaben der Informatik. Durch das Sortieren von Daten können Sie die Bearbeitung in Anwendungen einfacher und schneller bewerkstelligen.

Interne Sortiermethode

Bei den Sortierverfahren unterscheidet man interne und externe Sortiermethoden. Bei der internen Methode wird die gesamt zu sortierende Datenmenge im Arbeitsspeicher des Rechners gehalten. Dadurch wird die Anzahl der maximal möglichen zu sortierenden Elemente beschränkt.

Externe Sortiermethode

Verwendet man externe Sortiermethoden, so unterliegen diese keiner Beschränkung. Die Daten werden bei der externen Methode auf sequentielle Dateien abgelegt und durch Mischen sortiert.

Die nachfolgend vorgestellten drei internen Sortierverfahren verwenden folgende grundlegende Punkte.

- Das Auswählen des nächsten größeren Elements.
- Oder das Vertauschen zweier Elemente, die nicht in der richtigen Reihenfolge vorliegen.

Leistung der einzelnen Sortierverfahren

Die unter Punkt eins angesprochene Sortiermethode nennt sich Heap-Sort und stellt ein sehr leistungsstarkes Sortierverfahren dar. Für die Sortierung von n-Objekten benötigt Heap-Sort $n*\log_2(n)$ Schritte. Die Methode Heap-Sort sollte bei bekannten Baumstrukturen eingesetzt werden.

Hinter Punkt zwei verbirgt sich zum einen das Sortierverfahren Bubble-Sort, es stellt unter den Sortiermethoden die langsamste Variante zur Verfügung. Bubble-Sort benötigt für die Sortierung von n-Objekten n^2-Schritte. Diese Methode sollte nur bei kleinen

Datenmengen eingesetzt werden, der Vorteil von Bubble-Sort ist die sehr einfach zu handhabende Implementierung in eine Anwendung.

Auch für die dritte Sortiermethode, Quick-Sort genannt, nutzt man das Prinzip zum Vertauschen zweier Elemente. Quick-Sort stellt das schnellste Sortierverfahren zur Verfügung. Zum Sortieren von n-Objekten benötigt Quick-Sort $\log_2(n)$ Schritte. Es ist damit um den Faktor 2 bis 3 mal schneller als Heap-Sort. Die Schwierigkeit bei Quick-Sort ist die komplexe Implementierung in eine Anwendung. Bei großen Datenmengen sollte aber unbedingt Quick-Sort eingesetzt werden.

6.5.1 Bubble-Sort

Wie schon erwähnt, stellt Bubble-Sort das einfachste Sortierverfahren dar. Hier wird das zu sortierende Feld mehrmals von rechts nach links durchlaufen und das jeweilige Element mit dem linken Nachbarelement vertauscht, falls die Elemente nicht in der richtigen Reihenfolge stehen.

Das folgende Pascal-Programm zeigt den Aufbau des Bubble-Sort Algorithmus.

```
Procedur Bubble-Sort;
Var
    I,J : Word;
    nelem : Data;

Begin
  For J:=N-1 DownTo Marke Do
   For I:=Marke To J Do
    If Vektor[I]>Vektor[I+1] Then
    Begin
       nelem:=Vektor[I+1];
       Vektor[I+1]:=Vektor[I];
       Vektor[I]:=nelem;
    End;
End;
```

6.5.2 Heap-Sort

Hinter einem Heap verbirgt sich schon wie angekündigt eine Baumdatenstruktur. Als Heap bezeichnet man einen Baum mit der Eigenschaft, dass die Wurzel des Baumes größer ist als der linke und rechte Nachfolgeknoten. Damit stellt das größte Element immer die Wurzel des Baumes dar. Der Baum aus Abbildung 6.4 stellt einen Heap mit der Angesprochenen Eigenschaft dar.

Abb. 6.4: Heap

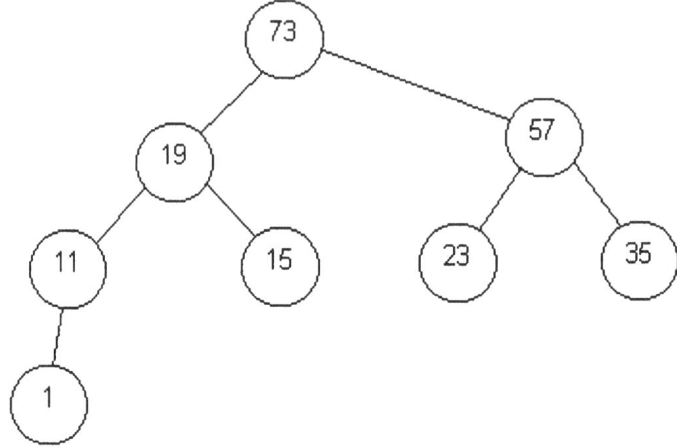

Der erste Schritt bei Heap-Sort ist der Aufbau des Heap. Über diesen Heap haben Sie dann den Vorteil, mit einem einzigen Zugriff auf die Wurzel des Baumes das größte von n-Elementen zu bestimmen und mit ($\log_2(n)$) Schritten einen Heap mit (n-1) Elementen zu erzeugen.

Hat man somit den Heap erzeugt, setzt man das letzte Element auf die frei gewordenen Wurzeln, im Beispiel wird also 1 auf die Position 73 des Heap gesetzt, und lässt es im Baum hinuntergleiten.

Die Abbildungen 6.5 bis 6.7 zeigen die einzelnen Vorgänge.

Abb.: 6.5. Vorgang 1

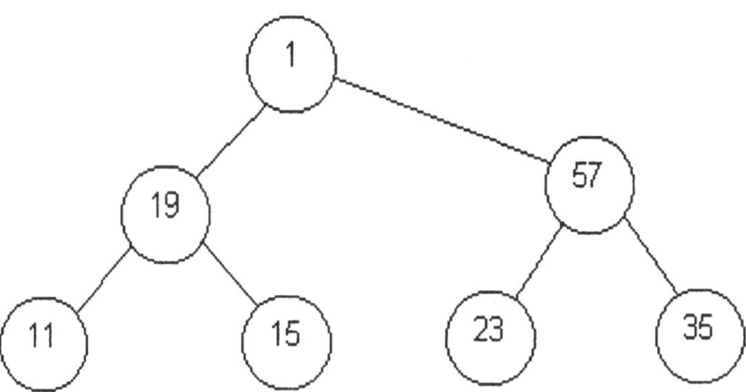

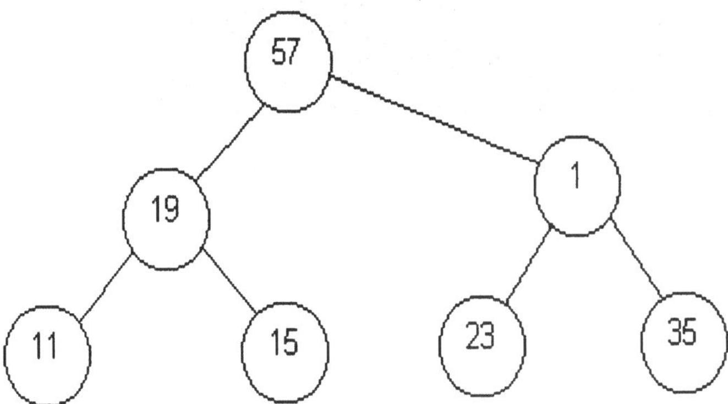

Abb. 6.6: Vorgang 2

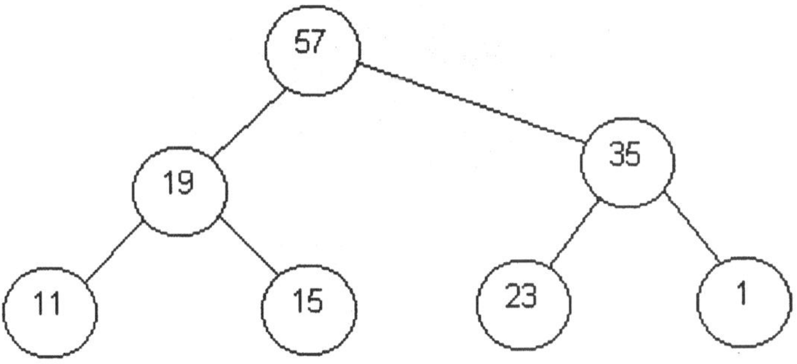

Abb. 6.7: Vorgang 3

Um einen entsprechenden Heap-Sort Algorithmus zu erzeugen, verwenden Sie die nachfolgende Pascal-Implementierung.

```
Procedur Heap-Sort;
Var
    Z, J  : Integer;
    Top   : Integer;
    MarkeNeu : Integer;

    Procedur NachUnten(I,P : Integer);
    Var
        J, nelem : Integer;
        Top      : Integer;
    Begin
      J:=2*I;
```

```
      nelem:=J+1;
      If J<=P Then
      Begin
      IF Vektor[I]>=Vektor[J] Then J:=I;
      IF nelem<=P Then If Vektor[nelem] >
Vektor[J]
Then J:=nelem;
      IF I<>J Then
      Begin
         Top:=Vektor[I];
         Vektor[I]:=Vektor[J];
         Vektor[J]:=Top;
         NachUnten(J,P);
      End;
    End;
End;


Begin
  For I:=(N DIV 2) DownTO Marke Do
   NachUnten(I,N);
  MarkeNeu:=Marke+1;
  For Z:=N DownTo MarkeNeu Do
  Begin
     Top:=Vektor[1];
     Vektor[1]:=Vektor[Z];
     Vektor[Z]:=Top;
     NachUnten(1,Z-1);
  End;
End;
```

Da der Heap diese spezielle Aufbauweise besitzt, ist das Feld nach dem kleinsten Element sortiert.

6.5.3 Quick-Sort

Quick-Sort stellt von den hier aufgezeigten Sortierverfahren das schnellste dar. Bei Quick-Sort liegt das Geheimnis im wiederholten Aufspalten des Feldes in zwei Teile, die für sich getrennt weiter sortiert werden. Dies ist möglich, wenn die Elemente einer Hälfte alle kleiner oder gleich den Elementen des anderen Teiles sind. Der Algorithmus ist rekursiv aufgebaut, da der Vorgang auf dem linken und rechten Teil immer wiederholt wird.

Die Sortierung ist beendet, wenn man links und rechts identische Indizes erhält oder links einen höheren Index als rechts erhält. In diesen Fall muss man das Element rechts mit dem Indexelement tauschen.

Daher ergibt sich für Pascal folgende Implementierung.

```
Procedur Quick-Sort(Links,Rechts : Integer);
Var
    I, J  : Integer;
    Top   : Integer;
    Index : Integer;
Begin
    I:=Links;
    J:=Rechts;
    If J>I Then
    Begin
     Index:=Vektor[(Links+Rechts) DIV 2];
     Repeat
        While Vektor[I]< Index Do Inc(I);
        While Vektor[J]> Index Do Dec(J);
        IF I<=J Then
        Begin
           Top:=Vektor[I];
           Vektor[I]:=Vektor[J];
           Vektor[J]:=Top;
           Inc(I);
           Dec(J);
        End
     Until I>J;
    End;
    IF J>Links Then Quick-Sort(Links,J);
    IF I<Rechts Then Quick-Sort(I,Rechts);
  End;
```

6.5.4 Sortieren in einer Anwendung

Die nachfolgende Delphi-Anwendung zeigt den Einsatz der Sortiermethode Bubble-Sort mit einer Beschränkung im Listenfeld von 50 Einträgen. Hier soll eine von User erstellte Liste einfach in der richtigen Reihenfolge sortiert werden.

Der User kann über ein Editfeld die Liste füllen und über die Schaltfläche Sortieren die Liste in aufsteigender Reihenfolge sortieren. Abbildung 6.8 zeigt das Hauptformular der Anwendung.

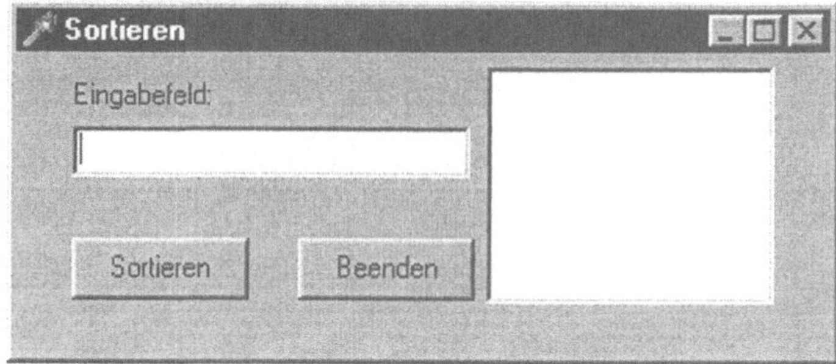

Abb. 6.8: Sortieren mit Bubble-Sort

Um die Anwendung zu erstellen, öffnen Sie Delphi bitte mit einen neuen leeren Projekt.

- Markieren Sie das Hauptformular und legen Sie folgende Eigenschaften fest:
- Ändern Sie Caption auf Sortieren und setzen Sie für Height 150 und Width 353 ein.
- Wählen Sie aus der Standard-Seite die Komponente Label aus und platzieren Sie diese mit folgenden Eigenschaften in das Formular.
- Caption hat die Zeichenfolge Eingabefeld, Left = 24 und Top = 10.
- Fügen Sie dem Formular die Komponente Edit aus der Standard-Seite mit folgenden Eigenschaften hinzu.
- Left = 24, Text = leer (Edit1 also löschen), Top = 30 und Width = 169.
- Platzieren Sie bitte zwei weitere Button-Komponenten aus der Standard-Seite in die linke Hälfte des Formulars.
- Ändern Sie die Eigenschaften wie folgt:
- Button1: Caption = Sortieren, Left = 24 und Top = 76.
- Button2: Caption = Beenden, Left = 120 und Top = 76.
- Als letze Komponente fügen Sie auf der rechten Seite eine ListBox hinzu.
- Stellen Sie folgende Eigenschaften ein:
- Left = 200 und Top = 5.

Damit ist das Grundgerüst fertig und Sie können den entsprechenden Pascalcode eintragen.

- Als erstes muss beim Aufruf der Anwendung das Feld, der Zähler und die maximale Anzahl der Felder initialisiert werden.
- Initialisieren Sie daher folgende Variablen und die Konstante MaxAnzahl wie folgt.

```
private
  Feld : array[0..50] of string;
  Zaehler : Integer;
    { Private-Deklarationen}
  public
    { Public-Deklarationen}
  end;

var
  Form1: TForm1;

const
  MaxAnzahl = 50;

implementation

{$R *.DFM}
```

Hinterlegen Sie für die Ereignisprozedur Button2.Click zum Beenden der Anwendung einfach den bekannten Befehl:

```
Close;
```

Damit wäre die Schaltfläche Beenden schon fertig.

- Wählen Sie danach im Objektinspektor Edit1 : TEdit aus und hinterlegen Sie dort in der Ereignisprozedur OnExit folgenden Code.

```
procedure TForm1.Edit1Exit(Sender: TObject);
begin
If Zaehler < MaxAnzahl then
    Begin
      ListBox1.Items.Add(Edit1.Text);
      Feld[Zaehler] := EDit1.Text;
      Inc(Zaehler);
      Edit1.Text :=' ';
    end;
end;
```

Hiermit ist dann auch die Eingaberoutine abgeschlossen. Jetzt benötigen Sie nur noch den entsprechenden Bubble-Sort-Algorithmus.

- Doppelklicken Sie hierfür auf die Schaltfläche Sortieren und hinterlegen Sie folgenden Programmcode.

```
procedure TForm1.Button1Click(Sender: TOb-
ject);
var Element : Integer;
    OG      : Integer;
    M       : Integer;
    SH      : String;
    IX      : Integer;

begin
  OG := Zaehler;
  While OG > 0 DO
  Begin
    M := 0;
    For IX := 0 to OG -1 DO

  Begin
      If Feld[IX] > Feld[IX+1] Then
      Begin
        SH := Feld[IX+1];
        Feld[IX+1] := Feld[IX];
        Feld[IX] := SH;
        M := IX;
      end;
    end;
    OG := M;
  end;


  ListBox1.Items.Clear;
  For Element := 1 to Zaehler DO
    ListBox1.Items.Add(Feld[Element]);
end;
```

Damit ist Ihre Sortieranwendung schon fertig. Sie sehen an diesen Beispiel wie einfach es ist, ein Bubble-Sort-Algorithmus in eine Anwendung einfließen zu lassen.

Sie finden die Anwendung auch auf der Buchdiskette unter Kapitel 6 Projekt1.

6.6 Funktionen für die Verarbeitung von Adressen und Pointer

Nachfolgend finden Sie wichtige Funktionen und Prozeduren für die dynamische Speicherverwaltung.

Addr(X)

Die Funktion Addr(X) liefert die Adresse von X. X stellt dabei eine beliebige Variable, Funktion oder Prozedur dar. Das Resultat dieser Funktion ist ein Zeiger vom Typ Pointer, der auf X zeigt.

Ptr(Funktion)

Die Funktion Ptr konvertiert eine Adresse in einen Pointer. Das Ergebnis dieser Funktion ist ein Zeiger vom Typ Pointer, der auf die Adresse zeigt.

Dispose(Zeigervariable)

Durch diese Prozedur wird der Speicherplatz der Bezugsvariable wieder als frei erklärt. Beachten Sie dabei, dass Dispose den Speicherplatz der Bezugvariablen freigibt. Dadurch ist der Wert der Zeigervariable undefiniert.

FreeMem(Bezugsvariable, dynamische Variable)

Durch diese Prozedur wird der Speicherplatz einer Pointervariablen mit einer bestimmten Größe in Bytes wieder freigegeben. Hierdurch wird der Wert der Bezugsvariable undefiniert.

GetMem(Pointervaraible, dynamische Variable)

Die Prozedur GetMem generiert eine neue dynamische Variable mit einer festen Größe von Bytes und legt eine Pointervariable auf sie. Die Angabe der Länge sollte nach Möglichkeit mit SizeOf erfolgen. Außerdem ist die Größe des Blocks, der auf einmal im Heap reserviert werden kann, auf 65521 Bytes begrenzt.

New(Prozedur)

Die Prozedur New generiert eine neue dynamische Variable und legt eine Pointervariable auf sie. Es wird dadurch Speicherplatz für die entsprechende Bezugsvariable reserviert.

7. Datenbankprogrammierung mit Delphi

Dieses Kapitel gibt Ihnen einen Überblick über die wichtigsten Begriffe und Grundlagen bei Datenbanken und relationalen Datenbanksystemen.

Weiterhin erlernen Sie den Umgang mit der Datenbankoberfläche, dem Datenbank-Explorer und den Datenzugriffs-Komponenten von Delphi.

7.1 Begriffe

Als Datenbank bezeichnet man zusammengehörige Tabellen zum Sammeln und Speichern von Informationen. Auf diese Tabellen kann dann mit unterschiedlichen Kriterien zugegriffen werden.

Datenbankmanagementsystem

Dabei besteht eine Datenbank immer aus zwei Komponenten, zum einen der Datenbasis und zum anderen dem Datenbankmanagementsystem kurz, DBMS genannt.

Die Datenbasis nimmt die zu speichernden Daten auf, sie bilden die eigentlichen Tabellen. Die DBMS legt danach die Informationen in die Datenbank ab und ruft sie bei bedarf auch wieder von dort ab.

Mit der DBMS speichern Sie eine Vielfalt von Daten übersichtlich in den angelegten Tabellen und können sie von dort auch wieder problemlos abrufen. Abbilung 7.1 zeigt den prinzipiellen Aufbau eines Datenbanksystems.

7.1.1 Tabellen

Wie Sie aus Abbildung 7.1 ersehen können, wird die Datenbasis in Tabellenform gespeichert. Jede Tabellenzeile entspricht hierbei einem Datensatz.

Datensatz

Ein Datensatz setzt sich dabei aus mehreren Datenfeldern zusammen und bildet eine Zusammenstellung von Informationen über eine bestimmte Informationseinheit dem Datenfeld.

Datenfeld

Ein Datenfeld enthält dabei immer die gleichen Informationen und wird durch einen eindeutigen Namen definiert. Bei Datenbanken gibt es verschiedene Datenfeldtypen, von denen abhängt, welche Informationen in dem jeweiligen Datenfeld gespeichert wird und wie lang diese Felder sein dürfen.

Abb. 7.1 DBMS

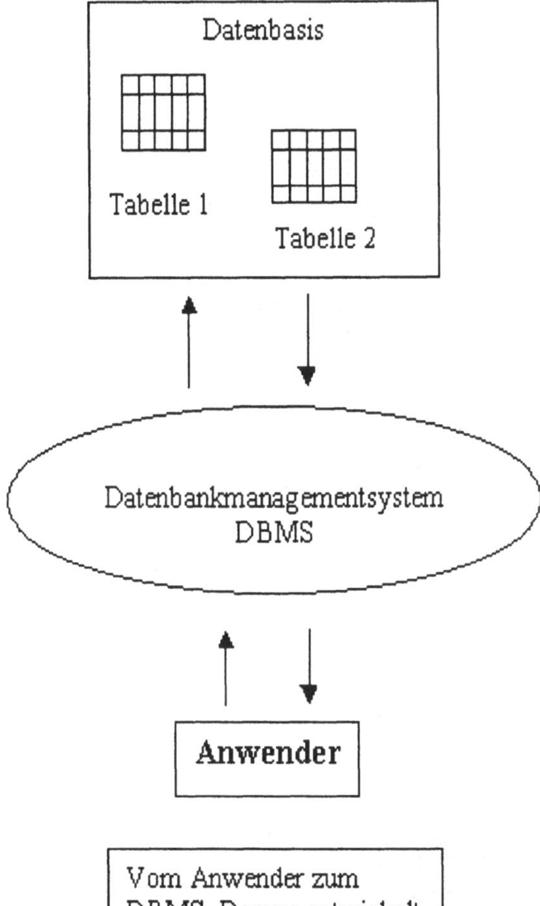

Die wichtigsten Datenfeldtypen sind:

- Textfelder für die Aufnahme von Text wie z.B. Namen, alphanummerischen Zeichen und Sonderzeichen wie /, *, +, # u.s.w.
- nummerische Felder für Zahlen, mit denen Berechnungen durchgeführt werden sollen, wie z.B. Preise, Stückzahlen oder allgemeine Mengenangaben.
- Datenfelder für die Aufnahme von Datums- und Zeitangaben
- sowie noch logische Felder, Zahlenfelder und Objektfelder.

Tabelle

Die Tabelle ist eine Ansammlung beliebig vieler solcher Datenfelder. Die Spalten der Tabelle werden daher von den einzelnen Informationseinheiten gebildet. Die Tabelle stellt somit die Sammlung zusammengehöriger Datensätze dar.

Daraus folgt, dass jeder Datenbank eine bestimmte Struktur zugrunde liegt. Sie ist maßgebend für die logische Verknüpfung der einzelnen Daten.

Flat-File-Architektur

In der Anfangszeit der elektronischen Datenverarbeitung wurden die zusammengehörigen Daten für eine bestimmte Aufgabe auch nur in einer einzigen Tabelle gespeichert.

Dieses Verfahren nennt man Flat-File-Architektur; es bedingt, dass viele Daten einer Mehrfachspeicherung ausgesetzt sind. Dadurch erhöht sich aber ungemein der Speicherbedarf und die Datenpflege.

Die sich daraus ergebende redundante Datenspeicherung verursacht daher immer einen Mehraufwand und gleichzeitig Integritätsprobleme bei der Datenpflege sowie inkonsistente Datensätze durch Zahlen- oder Buchstabendreher.

Der Ansatz zur Lösung bestand in einem relationalen Datenbanksystem.

7.1.2 Relationales Datenbanksystem

In einem relationalen Datenbanksystem werden die Daten nicht in einer Tabelle gespeichert, sondern in zwei oder mehr Tabellen angelegt.

Relationen

Das heißt, in einem relationalen Datenbanksystem, kurz RDBMS genannt, werden verschiedene Datentabellen miteinander verknüpft.

Durch diese Verknüpfung ergeben sich gegenüber einer redundanten Datenspeicherung folgende Vorteile.

- Da die Daten jeweils in einer eigenen Tabelle gespeichert werden, werden Zusammenhänge durch die Verknüpfung sichtbar.
- Daher können in einer relationalen Datenbank Zusammenhänge sehr einfach ermittelt werden.
- Durch die aufgeteilten Tabellen werden fehlerhafte Datenbestände eine Ausnahme.

Aus den vielen Vorteilen, die ein RDBMS bietet, bildet sich allerdings ein großer Nachteil.

Sie müssen genau beachten, welche Daten in welcher Tabelle gespeichert werden und wie diese Tabellen untereinander zu verknüpfen sind.

Beziehungen

In der Praxis werden Sie mit folgenden Relationen konfrontiert.

1:1 Beziehung

Die einfachste Beziehung ist die 1:1-Relation. Hierbei existiert für jeden Datensatz der Tabelle 1 genau ein Datensatz in der zweiten Tabelle.

Die 1:1-Relation wird nur dann eingesetzt, wenn eine Datentabelle aufgrund ihrer Größe oder wegen des Laufzeitverhaltens geteilt werden muss.

1:n Beziehung

Die in der Praxis am häufigsten angewandte Relation ist in den meisten Fällen die 1:n-Beziehung.

Ein Datensatz der einen Tabelle hat hier eine Beziehung zu n Datensätzen aus einer anderen Tabelle.

n:m Beziehung

Eine n:m-Beziehung besteht, wenn ein Datensatz der ersten Tabelle n Datensätze der zweiten Tabelle zugeordnet ist und gleichzeitig ein Datensatz der zweiten zu m Datensätzen der ersten Tabelle in Beziehung steht.

Ist der Entwicklung der Datentabellen keine richtige Planung vorhergegangen, so kann die spätere Funktionalität beträchtlich darunter leiden. Der nachfolgende Abschnitt gibt daher Aufschluss darüber, was Sie bei der Entwicklung von Tabellen berücksichtigen sollten.

7.1.3 Tabellen planen

Bei der Tabellenplanung einer Datenbank ist nur eine strukturierte Vorgehensweise zu empfehlen. Verwenden Sie hierfür auch ein entsprechend vorbereitetes Phasenkonzept.

Denn auch hier kann ein sogenannter Designfehler bei der gewünschten Applikation einen enormen Zeit- und damit verbundenen Kostenaufwand hervorrufen. Es ist schon ein gewaltiger

Unterschied, ob eine Abfrage 15 Minuten oder 10 Sekunden dauert.

- Erstellen Sie eine detaillierte Feldstruktur. Verteilen Sie die Daten innerhalb der Tabelle auf einzelne Felder. So zum Beispiel anstatt eines Firmennamens mit 60 Zeichen lieber zwei oder drei Namensfelder mit je 20 Zeichen.
- Trennen Sie veränderbare und statische Daten in verschiedene Tabellen.
- Verwenden Sie in den Tabellen Referenzinformationen, wie zum Beispiel Primär- und Indexschlüssel.
- Vermeiden Sie eine Doppelspeicherung einzelner Daten. Bedenken Sie hier das Redundanz-Problem.
- Strukturieren Sie die einzelnen Tabellen nach Haupt-, Ober- und Untergruppen.

Denken Sie daran, dass die Applikation der Maßstab für den Entwurf der Tabelle darstellt.

Delphi bietet Ihnen mit der mitgelieferten Datenbankoberfläche Tabellen in gewünschter Form anzulegen.

7.2 Die Datenbankoberfläche

Zum Einrichten einer Datenstruktur, sprich Datenbanktabelle, steht Ihnen unter Delphi das Tool Datenbankoberfläche in der Programmgruppe Delphi zur Verfügung.

Sie können hiermit Tabellen in verschiedenen Formaten von Paradox, dBase, FoxPro, MSAccess und SQL anlegen, umstrukturieren oder abfragen.

Objekte

Dabei bezeichnet man alle Bestandteile der Datenbank als Objekte. Beachten Sie daher, dass jedes Objekt sein eigenes Symbol und eine spezielle Erweiterung besitzt.

7.2.1 Funktionen der Datenbankoberfläche

Die Datenbankoberfläche verfügt über einige sehr hilfreiche Funktionen, die hier im Einzelnen kurz vorgestellt werden.

Arbeitsverzeichnis

Über die Funktion Arbeitsverzeichnis im Menü Datei stellen Sie die Vorgabe zum Öffnen und Speichern von Dateien fest. Es stellt damit Ihr Standardarbeitsverzeichnis dar.

Abb. 7.2 Arbeitsverzeichnis

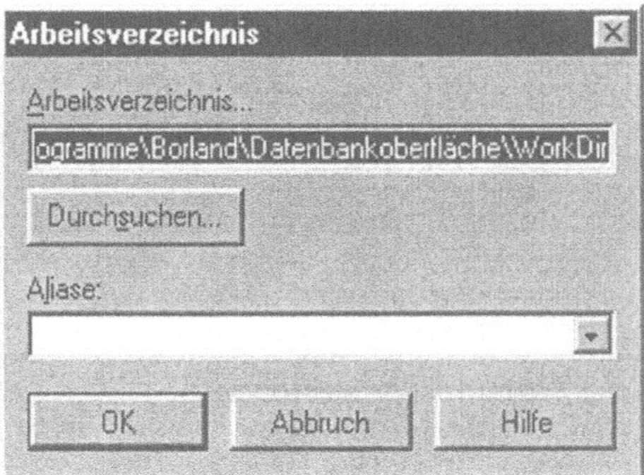

Privatverzeichnis

Dieses Verzeichnis dient zur Handhabung einer Mehrbenutzerumgebung im Netzwerk. Hier können Tabellen gespeichert werden, die von anderen Benutzern nicht überschrieben werden können.

Alias

Die Einstellung Aliase im Arbeitsverzeichnis erlaubt es Ihnen die Pfadangabe einem einzigen Bezeichner zuzuordnen. Sie ersparen sich dadurch die Eingabe langer Verzeichnisnamen.

Sie können aber auch mit einem Aliasnamen eine Verbindung zwischen einem externen Datenbank-Server herstellen.

Auch kann ein Alias-Bezeichner anstelle des echten Tabellennamens eingesetzt werden. Dieser wird dann über das Menü Tool/Alias-Manager... eingerichtet. Abbildung 7.3 zeigt den Alias-Manager der Datenbankoberfläche.

Abb. 7.3 Alias-Manager

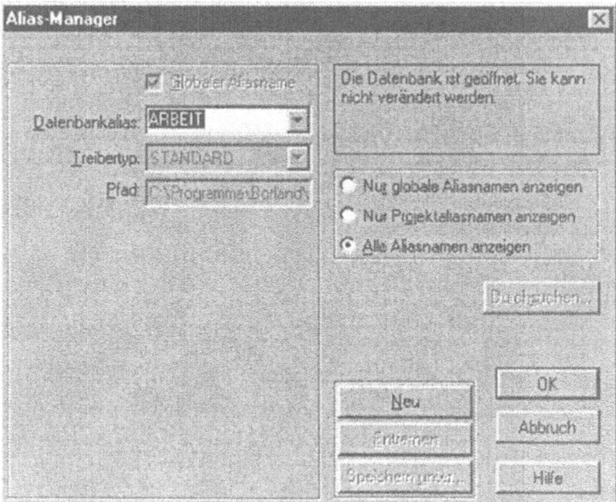

Tabellenoperationen

Unter der Option Tabellenoperation im Menü Tools finden Sie alle Funktionen zum Manipulieren der Datenbank, wie zum Beispiel das Entfernen von Datensätzen, sortieren und umstrukturieren.

Passwörter

Über die Option Passwörter lässt sich die erstellte Tabelle mit einem Passwort schützen. Alternativ kann hierüber auch das Paßwort wieder entfernt werden.

Abb. 7.4 Passwörter festlegen

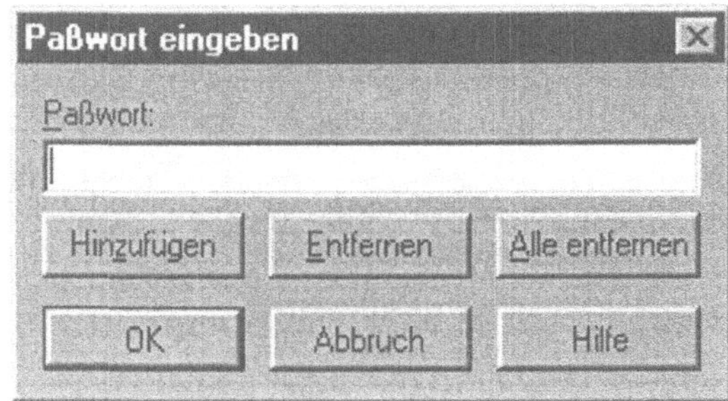

7.3 Definition der Tabelle

Mit dem Aufruf Datei/Neue Tabelle kann unter der Datenbankoberfläche eine neue Tabelle eingerichtet werden.

Als erstes müssen Sie den gewünschten Typ der Datentabelle angeben. Hier stehen Ihnen je nach Version der Delphi-Ausführung die verschiedensten Formate zur Verfügung.

Abb. 7.5 Tabellentyp bestimmen

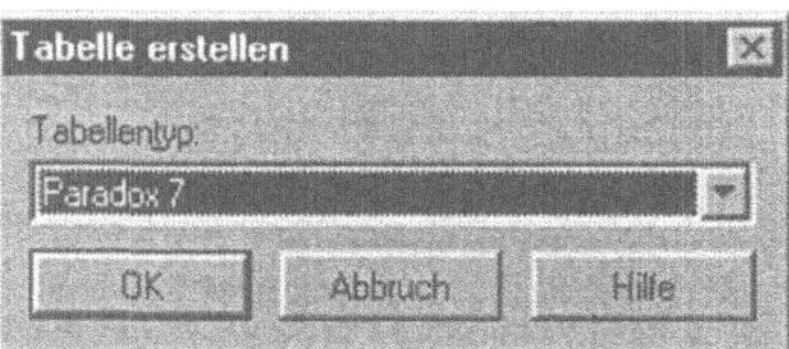

Als Beispiel wird hier das Standardformat Paradox 7 gewählt.

Hiernach erscheint das Dialogfenster mit einer leeren anzulegenden Tabelle. In diesem Dialog bestimmen Sie zuallererst die Struktur der Tabelle.

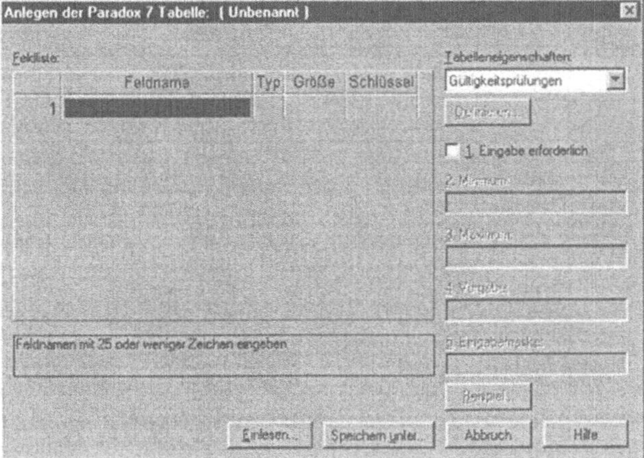

Abb. 7.6 Anlegen einer Tabelle

Hierbei müssen Sie als Entwickler ersteinmal die entsprechenden Felder definieren, die in der Datentabelle benötigt werden. Nachfolgend finden Sie eine Übersicht der einzelnen Paradox-Feldtypen.

Kürzel	Feldtyp	Erläuterung
A	Alpha	Kann Strings mit Buchstaben, Ziffern und Symbole enthalten.
N	Numerisch	Nur Zahlen, der Wertebereich liegt zwischen -10.307 und 10.308 bei 15 signifikanten Stellen.
$	Währung	Nur Ziffern mit positiven oder negativen Werten. Die Zahl wird mit Dezimalstellen und Währungssymbol angezeigt. Beim Umrechnen in Euro leider unbrauchbar, da nur 2 Dezimalstellen zugelassen sind.
S	Integer (kurz)	Numerisches Feld mit einem Wertebereich zwischen -32.767 und 32.767.
I	Integer (lang)	Numerisches Feld mit einem Wertebereich zwischen -21.474.483.648 und 21.474.483.647 .
#	BCD	Gleitkommazahlen mit einer festen Anzahl von Nachkommastellen, bis auf 18 Stellen genau.
D	Datum	Datumsfeld.

Kürzel	Feldtyp	Erläuterung
T	Zeit	Zeitfeld.
@	Datum/Zeit	Datum- und Zeitfeld vereint.
M	Memo	Memofeld für längere Texte ohne weitere Struktur.
F	Formatiertes Memo	Wie das Memofeld, nur kann hier der Text mit Schriftattributen formatiert werden.
G	Grafik	Grafikfeld mit den Dateiformaten .BMP, .PCX, .GIF oder .EPS. Beim Einfügen in die Tabelle wird das Bild in .BMP Format konvertiert.
O	OLE	OLE-Feld. Dieses Feld kann unterschiedliche Daten enthalten. Von der Datenbankoberfläche wird OLE allerdings nicht unterstützt.
L	Logisch	Logische Variable (Wahr oder Falsch).
+	Zähler	Zählfeld, enthält Integer (lang) und dient als Datensatzzähler. Die Werte können nur gelesen werden.
B	Binär	Binärfeld
Y	Bytes	Bytefeld

Nach der Auflistung der Bedeutung der Feldtypen können Sie jetzt die Beispieltabelle strukturieren. Dabei gehört zur Definition eines Datenfeldes der Feldname, der Feldtyp, die Größe des Feldes und ggf. ein Schlüssel.

Richten Sie daher eine Tabelle nach Abbildung 7.7 ein. Der entsprechende Feldtyp kann mit der rechten Maustaste oder mit der Leertaste ausgewählt werden.

Abb. 7.7. Die Tabelle

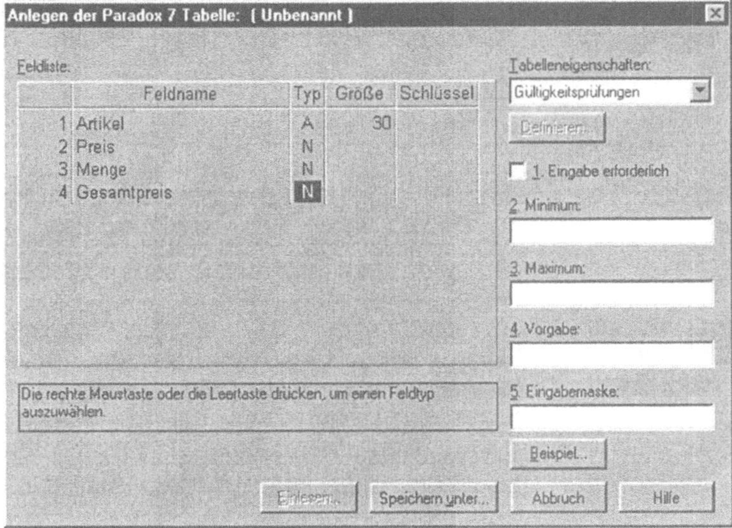

Nachdem Sie die Tabelle eingerichtet haben, speichern Sie diese unter dem Namen Ergebnis in Ihrem eingerichteten Arbeitsverzeichnis ab.

7.4 Besonderheiten einer Datenstruktur

Als Datenbankentwickler muss Ihnen die Datenstruktur der zu verwendenden Tabellen bekannt sein. So gibt es zum Beispiel bei Paradox-Tabellen eine Gültigkeitsprüfung, die bei der Erstellung von Tabellen zu berücksichtigen ist.

Gültigkeitsprüfung

Die Gültigkeitsprüfung definiert innerhalb der Tabelle Regeln für die in ein Feld eingetragenen Daten. Die Datenbankoberfläche von Delphi stellt für Paradox-Tabellen die Gültigkeitsprüfungen: Erforderlich, Minimum, Maximum, Vorgabe und Eingabemaske zur Verfügung. Sie können über diese Prüfungen feststellen, ob die Festlegung des Wertes bei der Dateneingabe richtig ist.

Beachten Sie daher die verschiedenen Gültigkeitsbereiche bei der Verwendung von Datenbanktabellen wie MSAccess, dBase, Informix oder Sybase.

7.4.1 Indizes

Wenn Sie Ihre Datenbank nach relationalen Gesichtspunkten aufbauen, das heißt Ihre Daten in unterschiedlichen Tabellen gespeichert werden oder sind, so müssen Sie die gewünschten Informationen zusammentragen.

Dabei ist die Voraussetzung für eine erfolgreiche Suche der Daten das Erstellen eines sogenannten Index. Anhand dieses Index können die einzelnen Datensätze in einer Tabelle genau auseinandergehalten und entsprechend zugeordnet werden. Es werden in der Praxis zwei Arten von Indizes unterschieden.

- Primärindex (oder auch Primärschlüssel)
- Sekundärindex

Der Index ermöglicht auch in einer einzelnen Tabelle, die jeweilige Spalte schnell zu sortieren und zu durchsuchen.

Primärindex

Der Primärindex stellt innerhalb der Tabelle ein Feld dar und kennzeichnet jeden darin enthaltenen Datensatz als eindeutig. Beachten Sie hierbei, dass ein Primärindex auch aus mehreren Schlüsselfeldern bestehen kann. Dieser Schlüssel muss aber immer eindeutig sein, alle Schlüssel zusammen bilden dann auch den Primärindex.

Sekundärindex

Um einen Index auf eine Kombination von Feldern basieren zu lassen, wird der Sekundärindex verwendet. Diese Felder brauchen dabei nicht eindeutig zu sein. Sie können theoretisch jedes Feld in einer Tabelle als Sekundärindex definieren. Der Sekundärindex wird für alternative Sortierfolgen in Tabellen verwendet. Er bildet auch die Grundlage für Verbundtabellen.

7.4.2 Referenzinformation

Werden mehrere Tabellen in einem Datenbanksystem verwaltet, benötigen Sie einen eindeutigen Zugriff auf die einzelnen Tabelleneinträge.

Hieraus haben sich die Begriffe Referenzintegrität beziehungsweise referentielle Integrität gebildet.

Referentielle Integrität

Hierbei handelt es sich um Regeln, die Sie unbedingt bei der Festlegung der Beziehungen zwischen Tabellen (Detail- und Mastertabellen) beachten sollten.

Mastertabelle

Die Mastertabelle stellt die Tabelle dar, die allen anderen damit verknüpften Tabellen übergeordnet wird. Von der Ebene dieser Mastertabelle zweigen alle anderen Tabellen ab, zu denen eine Beziehung hergestellt wird.

Detailtabelle

Die Detailtabelle stellt die Tabelle dar, zu der Sie über die Mastertabelle eine Beziehung herstellen möchten. Im Allgemeinen findet man in der Detailtabelle nähere oder weiterreichende Informationen zu den Daten der Mastertabelle.

Beachten Sie daher:

- Das Hinzufügen von Datensätzen in einer Detailtabelle, für die kein Primärindex vorhanden ist, muss verhindert werden.
- Änderungen in der Mastertabelle, die in der Detailtabelle verwaiste Datensätze zur Folge hätten, dürfen nicht durchgeführt werden.
- Wenn verknüpfte Datensätze vorhanden sind, darf kein Löschen von Datensätzen in der Mastertabelle durchgeführt werden.

Bedenken Sie also, dass in jeder Verknüpfung von Tabellen (Master/Detail) bestimmte Eigenschaften zueinander definiert sind.

Da im Folgenden die Datenbankschnittstelle von Delphi erläutert wird, sollten Sie die erstellte Datenbanktabelle Ergebnis.db mit Musterdaten füllen.

- Öffnen Sie hierfür, wenn nicht schon gestartet, die Datenbankoberfläche von Delphi.
- Mit Datei/Öffnen/Tabelle kann die vorher erzeugte Tabelle Ergebnis.db geöffnet werden.
- Über die Symbolschaltfläche Daten editieren (erstes Symbol rechts in der Liste) können Sie die Daten aus Abbildung 7.8 in die Tabelle eintragen.

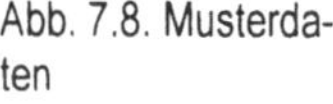
Abb. 7.8. Musterdaten

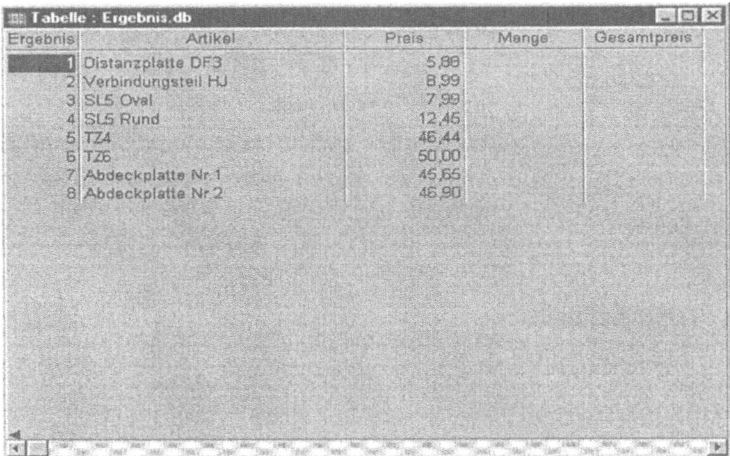

- Nach der Eingabe können Sie die Datenbankoberfläche über Datei/Schließen beenden.

Die Daten werden dabei, wie üblich bei Datenbankanwendungen, automatisch in der Datenbanktabelle Ergebnis.db gespeichert. Sie finden die Tabelle auch alternativ in dem Verzeichnis der Buchdiskette unter dem Namen Ergebnis.db.

7.5 Die Datenschnittstelle in Delphi

Delphi bietet mit seinen zwei kompletten Seiten Datenzugriff und Datensteuerung eine große Arbeitserleichterung bei der Entwicklung von Datenbankanwendungen.

Diese Komponenten verfügen über die notwendigen Eigenschaften und Methoden, um Datenbanken, Tabellen oder Felder gezielt ansprechen zu können. Sie verwenden hierfür die standardisierte Datenbankschnittstelle von Borland/Inprise, die sogenannte Borland Database Engine, kurz BDE genannt.

Durch die BDE wird es möglich, die Komponenten unabhängig von der vorliegenden Datenbanktechnik zu nutzen. Sie können über die Database Engine mit einem Alias-Bezeichner die zu nutzende Datenbank ansprechen.

7.5.1 Datenzugriffs-Komponenten

Wie Sie schon im Kapitel 3 Reports entwickeln erfahren haben, enthält die Datenzugriffs-Seite Komponenten zum Verbinden von Datenbanken und Abfragen.

Diese Komponenten stellen über die BDE Verbindungen zu der gewünschten Datenquelle her. Das Basis-Objekt der Komponente stellt Delphi zur Verfügung. Dabei handelt es sich in der Regel um Komponenten, die zur Laufzeit für den Anwender nicht sichtbar sind.

Um mit einer entwickelten Delphi-Anwendung auf Datenbanken zuzugreifen, fügen Sie die benötigten Komponenten in ein Formular ein und stellen die entsprechende Eigenschaft und benötigten Methoden ein. Die Seite Datenzugriff stellt Ihnen folgende Komponenten zur Verfügung.

DataSource

Die Komponente DataSource stellt eine Verbindung zwischen einer DataSet-Komponente wie zum Beispiel Table und den Kontrollelementen eines Formulars her.

Sie stellt also die Funktion eines Bindeglieds zwischen einer Datenzugriffs-Komponente und datensensitiven Dialogelementen auf einem Formular dar.

Table

Table erzeugt eine Verbindung zwischen der Anwendung und einer Datenbank. Damit stellt sie eine sehr einfache Möglichkeit dar, mit den Elementen einer Datenbank zu arbeiten. Sie kann aber auch zum Erzeugen von Datenbanken zur Laufzeit verwendet werden.

Query

Die Komponente Query ermöglicht die Definition und das Ausführen einer SQL-Anweisung.

Ein Beispiel für die Komponente finden Sie im Abschnitt SQL-Die Sprache der Datenbank in diesem Kapitel.

StoredProc

StoredProc ermöglicht die Speicherung von SQL-Anweisungen.

DataBase

Diese Komponente erlaubt die Verbindung zwischen der Delphi-Anwendung und einem Datenbank-Server.

Session

Die Komponente Session ermöglicht, eine Gruppe von Datenbankverbindungen in der Delphi-Anwendung zu verwalten.

BatchMove

BatchMove dient der lokalen Speicherung von Datensätzen auf einem Server.

UpdateSQL

Mit der Komponente UpdateSQL können Nur-Lesen-Datenmengen aktualisiert werden.

7.5.2 Datensteuerungs-Komponenten

In der Datensteuerungs-Seite von Delphi befinden sich die datensensitiven Komponenten. Sie dienen dem direkten Zugriff auf die Inhalte einer Datenbank.

Ihre Eigenschaften und Methoden ermöglichen die durch den Zugriff bedingte Manipulation der Inhalte. Da es sich bei den Komponenten der Datensteuerung um sichtbare Komponenten handelt, ermöglichen Sie dadurch auch die Anzeige und Bearbeitung der Datenbanken sowie die Navigation und das Auswählen bestimmter Datensätze.

Die nachfolgende Auflistung gibt die einzelnen Datensteuerungs-Komponenten wieder.

DBGrid

DBGrid dient der Anzeige von Informationen in einer Datenbank in Form einer Tabelle. Die Darstellung ähnelt sehr dem Ansehen einer Datenbanktabelle, wie sie MSAccess oder dBase bzw. Paradox zur Verfügung stellen.

Die Spalten- und Feldeigenschaften können über einen Bearbeitungseditor eingestellt werden.

DBNavigator

Mit DBNavigator ist es möglich, die Navigation um einen oder mehreren Datensätzen innerhalb der Datenbank durchzuführen.

Auch das Positionieren an den Anfang oder das Ende der Datenbank ist möglich. Die Bedienung wird dabei durch Steuerungsschaltflächen durchgeführt.

DBText

Diese Label-Komponente ermöglicht die Darstellung von Text aus Datenbanken.

DBEdit

Die Komponente DBEdit stellt eine Eingabezeile mit Datenbankanbindung zur Verfügung.

Über diese Komponente kann der Feldinhalt einer Tabelle zur Bearbeitung angezeigt werden.

DBMemo

Diese Komponente stellt Ihnen ein Memofeld mit Datenbankanbindung zur Verfügung.

Hiermit ist es zum Beispiel möglich, das angelegte Memofeld einer Paradox-Tabelle auszulesen und zu bearbeiten.

DBImage

Die Komponente DBImage ermöglicht die Darstellung einer Bildanzeige mit Datenbankanbindung.

DBListBox

DBListBox stellt die Funktionalität einer ListBox mit Datenbankanbindung in einer Anwendung zur Verfügung.

DBComboBox

Die Komponente DBComboBox ermöglicht die Verwendung einer ComboBox mit Datenbankanbindung.

DBCheckBox

DBCheckBox stellt eine CheckBox-Komponente mit Datenbankanbindung zur Verfügung.

DBRadioGroup

Die Komponente DBRadioGroup entspricht der Komponente RadioGroup, jedoch mit Datenbankanbindung.

DBLookupListBox

Die Komponente DBLookupListBox stellt eine Liste mit möglichen Einträgen für Felder bereit, die Daten aus einer anderen Datenmenge benötigen. Es handelt sich hierbei um eine spezielle ListBox-Komponente.

DBLookupComboBox

Diese Komponente entspricht der DBLookupListBox, nur werden die alternativen Methoden und Eigenschaften der ComboBox-Komponente zur Verfügung gestellt.

DBRichEdit

Die Komponente DBRichEdit stellt ein Textfeld zur Bearbeitung von Text im Richtext-Format mit Datenbankanbindung zur Verfügung.

Wie Sie an der Vielfalt der Datenbank-Komponenten in Delphi sehen, ist es möglich, damit die meisten Standardanwendungen abzudecken. Leider ist es aber hin und wieder nötig, eigene datensensitive Komponenten zu entwickeln. Bei ausschließlichen Datenbankanwendungen führt kein Weg an der Client / Server-Version von Delphi vorbei.

7.5.3 Zugriff auf Datenbanken

Dieser Abschnitt zeigt Ihnen anhand eines Beispiels, wie schnell und effektiv mit den Datenbankkomponenten von Delphi auf Datentabelle zugegriffen werden kann.

Nachdem im Abschnitt 7.3 die Datenbank Ergebnis.db erstellt worden ist, soll jetzt mit Delphi ein Formular zum Verwalten dieser Datenbanktabelle angelegt werden.

Mit diesem Formular soll es möglich sein, die Menge des ausgewählten Artikels festzulegen und das Gesamtergebnis zu errechnen. Außerdem soll die Datenbank als Tabelle angezeigt werden.

Sie benötigen für die Anwendung die folgenden Delphi-Komponenten:

- Aus der Standardseite die Komponenten MainMenü zum Erstellen einer Menüleiste, GroupBox als Bezeichner und die Komponente ActionList zur Kontrolle der zu erstellenden Symbolleiste.
- Die Komponenten Toolbar, Toolbutton, StatusBar und ImageList aus der Win32-Seite benötigen Sie zum Erstellen der Symbolleisten.
- DataSource und Table aus der Seite Datenbankzugriff ermöglichen den Datenaustausch mit der entsprechenden Datenbanktabelle.
- Aus der Seite Datensteuerung benötigen Sie die Komponenten DBEdit und DBGrid zur Anzeige der Datensätze.

7.5.4 Eine Datenbankanwendung erstellen

Öffnen Sie für diese Datenbankanwendung Delphi mit einem leeren Projekt.

- Überschreiben Sie die Bezeichnung der Eigenschaft Caption des Hauptformulars TForm1 mit Datenbankanwendung.
- Wählen Sie danach die Komponente GroupBox aus der Seite Standard aus und platzieren Sie hiervon drei Komponenten mit folgenden veränderten Eigenschaften auf das Formular.

Objekt	**Eigenschaft**	**Wert**
GroupBox1	Caption	Menge
	Height	57
	Left	32
	Top	56
	Width	65

GroupBox2	Caption	Artikelbezeichnung und Einzelpreis
	Height	57
	Left	104
	Top	56
	Width	220
GroupBox3	Caption	Gesamtpreis
	Height	57
	Left	328
	Top	56
	Width	83

Da das Formular die Daten der Ergebnis.db-Datenbank auch einzeln anzeigen soll, wird das Formular mit DBEdit-Feldern versehen. Durch diese Komponente kann dann der einzelne Datensatz dargestellt werden.

Um diese DBEdit-Komponenten aber auch mit Werten füllen zu können, müssen aus der Komponentenpalette Datenzugriff die Komponenten DataSource und Table hinzugefügt werden.

Diese stellen dann die Verbindung zur Datenbank her.

- Wählen Sie die Komponente Table aus und platzieren Sie diese in den rechten Bereich des Formulars.
- Legen Sie als DatabaseName DBDEMOS und als TableName C:\Daten\Ergebnis.db fest.
- Setzen Sie die Eigenschaft Active auf True.
- Platzieren Sie jetzt noch die Komponente DataSource auf die rechte Seite des Formulars und stellen Sie die Eigenschaft DataSet auf Table1.

Da Sie bei der Table Komponente die Eigenschaft Active auf True gesetzt haben, können wir bei der weiteren Entwicklung durch die einzusetzenden datensensitiven Komponenten DBEdit und DBGrid die Tabellendaten bereits während des Entwurfs verfolgen.

Es können jetzt, da die Datenbankverbindung hergestellt ist, die DBEdit-Komponenten eingefügt werden.

- Wählen Sie hierfür die Komponente DBEdit aus der Seite Datenbanksteuerung und fügen Sie dem Formular vier solcher Komponenten mit den folgenden Eigenschaften hinzu.
- Beachten Sie bitte, dass Sie vor den Änderungen der Eigenschaften die jeweilige Komponente in das entsprechende Gruppenfeld schieben.

Objekt	**Eigenschaft**	**Wert**
DBEdit1	DataSource	DataSource1
	DataField	Menge
	Left	10
	Top	24
	Width	45
Objekt	**Eigenschaft**	**Wert**
DBEdit2	DataSource	DataSource1
	DataField	Artikel
	Left	10
	Top	24
	Width	121
DBEdit3	DataSource	DataSource1
	DataField	Preis
	Left	144
	Top	24
	Width	65
DBEdit4	DataSource	DataSource1
	DataField	Gesamtpreis
	Left	8
	Top	24
	Width	65

Nach dem Einstellen der Eigenschaften werden automatisch die Artikelbezeichnung und der Preis, die in der Ergebnis.db-Datenbank hinterlegt sind, angezeigt.

Als Nächstes soll das datensensitive Steuerelement DBGrid auf dem Formular platziert und mit der Datenbank verbunden werden.

- Fügen Sie daher die DBGrid-Komponente aus der Seite Datensteuerung hinzu und setzen Sie die folgenden Eigenschaften.
- DataSource aus DataSource1, Left auf 32, Top auf 160 und Width auf 412.

Haben Sie diese Einstellungen vorgenommen, so sollte Ihr Hauptformular wie in Abbildung 7.9 aussehen.

Menü- , Symbol- und Statusleiste hinzufügen

Da die Datenverbindung korrekt funktioniert können Sie jetzt die erforderlichen Menü- und Symbolleisten hinzufügen.

Statusleiste

Dabei soll die Anwendung auch mit einer Statusleiste ausgestattet werden, die Informationen zu den Menüeinträgen anzeigt.

Abb. 7.9. Das Formular

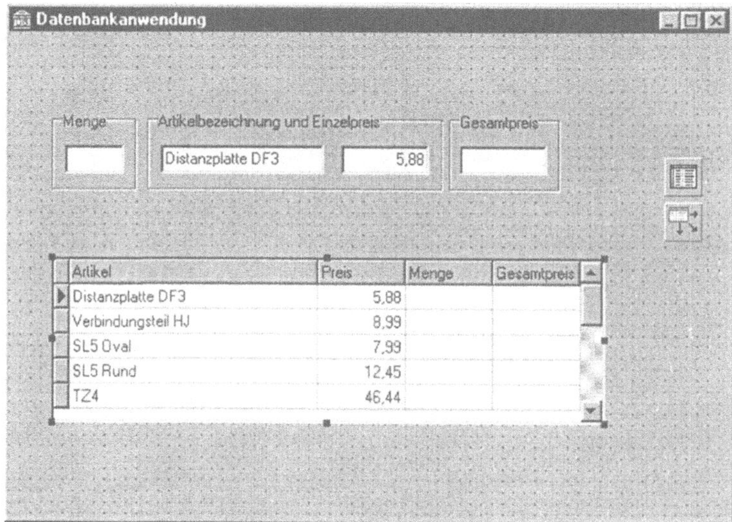

- Klicken Sie zum Einfügen der Statusleiste einfach doppelt auf die Komponente *StatusBar* der Seite *Win32*. Hierdurch wird diese dann automatisch eingefügt.

- Setzen Sie jetzt nur noch die Eigenschaft *AutoHint* auf *True*.

Durch diese Einstellung wird später in der laufenden Anwendung ein Hinweis angezeigt, sobald Sie mit der Maus auf eine Schaltfläche in der Symbolleiste zeigen.

ImageList

Als nächste Komponente benötigen Sie ImageList auch aus der Seite Win32. Mit ImageList werden die in der Applikation verwendeten Grafiken gespeichert. Hier befinden sich die Symbole für Ausschneiden, Kopieren und Einfügen. Da es sich bei ImageList um eine nicht sichtbare Komponente handelt, ist die Position im Hauptformular nicht relevant.

- Fügen Sie die Komponente ImageList dem Formular hinzu.

ActionList

Jetzt benötigen Sie noch die ActionList-Komponente. Diese ermöglicht es Ihnen, die Reaktion auf Benutzeraktionen in der Anwendung zentral zu verwalten.

- Fügen Sie die Komponente ActionList aus der Seite Standard dem Formular hinzu. Auch hier ist die Position nicht relevant, da es sich um eine nicht sichtbare Komponente handelt.
- Setzen Sie die Eigenschaft Images auf ImagesList1.
- Doppelklicken Sie danach auf das Symbol ActionList in Ihrem Formular.

Delphi öffnet jetzt den Listeneditor zum Bearbeiten der Aktionsliste.

Abb. 7.10. Listeneditor

- Klicken Sie hier auf den Dropdown Pfeil neben der aktiven Symbolschaltfläche und wählen Sie die Option Neue Standardaktion aus.
- Markieren Sie, wie in Windows üblich, mit der Maus und der Strg-Taste die folgenden Standardaktionen.
- TDataSetFirst (erster Datensatzt), TDataSetLast (letzter Datensatz), TDataSetNext (nächster Datensatz), TDataSetPrior (vorheriger Datensatz), TEditCopy (Kopieren), TEditCut (Ausschneiden) und TEditPaste (Einfügen).
- Nachdem Sie alle Aktionen selektiert haben, klicken Sie auf OK.

Delphi hat jetzt die ausgewählten Aktionen in die Aktionsliste eingefügt. Abbilung 7.11 zeigt die ausgewählten Aktionen in der Liste.

- Schließen Sie den Listeneditor über das Schließen-Symbol.

Nach diesen Vorbereitungen können Sie damit beginnen, der Anwendung eine entsprechende Menüleiste für die Steuerung der Applikation hinzuzufügen.

Abb 7.11. Listeneditor

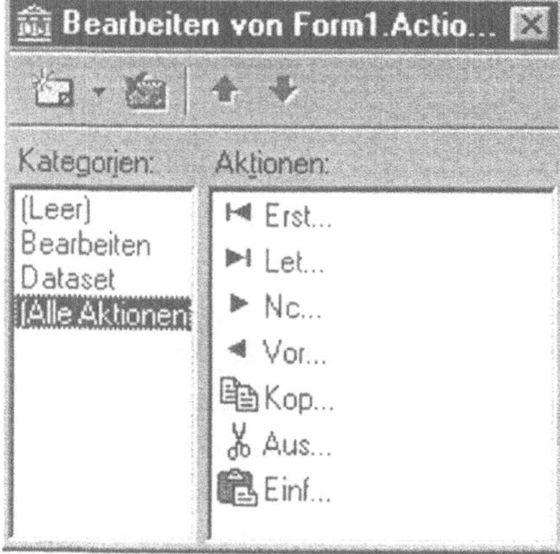

Menüleiste hinzufügen

- Fügen Sie dem Hauptformular die Komponente MainMenü aus der Seite Standard hinzu.

- Setzen Sie auch hier die Eigenschaft Images auf ImageList1.
- Doppelklicken Sie danach auf die MainMenü Komponente im Formular, um den Menü-Designer von Delphi zu öffnen.
- Tragen Sie für die Eigenschaft Caption den Wert &Tabelle ein, und drücken Sie die Return-Taste.
- Setzen Sie als nächste Aktion die Caption Eigenschaft auf den Wert &Aktualisieren. Bestätigen Sie auch diese Angabe mit Return.
- Geben Sie danach einen Gedankenstrich vor, dieser stellt im Untermenü einen Trennstrich dar.
- Fügen Sie als letzten Eintrag unter dem Menü Tabelle den Befehl &Beenden ein.
- Klicken Sie mit der Maus rechts auf den zweiten Menüeintrag.
- Vergeben Sie hier den Menübefehl &Bearbeiten und drücken Sie Return.
- Setzen Sie jetzt im Objektinspektor die Eigenschaft Action auf den Eintrag Ausschneiden1.
- Wie Sie erkennen können, werden jetzt die Aktionen aus der ActionList zugewiesen. Füllen Sie das Menü Bearbeiten daher noch mit den Aktionen Kopieren und Einfügen aus.
- Klicken Sie danach auf den dritten Menüeintrag und vergeben Sie hier den Menübefehl &Datensatz.
- Fügen Sie unter dem Menü Datensatz die Aktionen Erster1, Vorheriger1, Nächster1 und Letzter1 über die Eigenschaft Action hinzu.

Damit ist die Menüleiste erstellt und Sie können den Menü-Designer schließen. Abbildung 7.12 zeigt die Anwendung in der Entwurfsphase mit dem geöffneten Menü Datensatz.

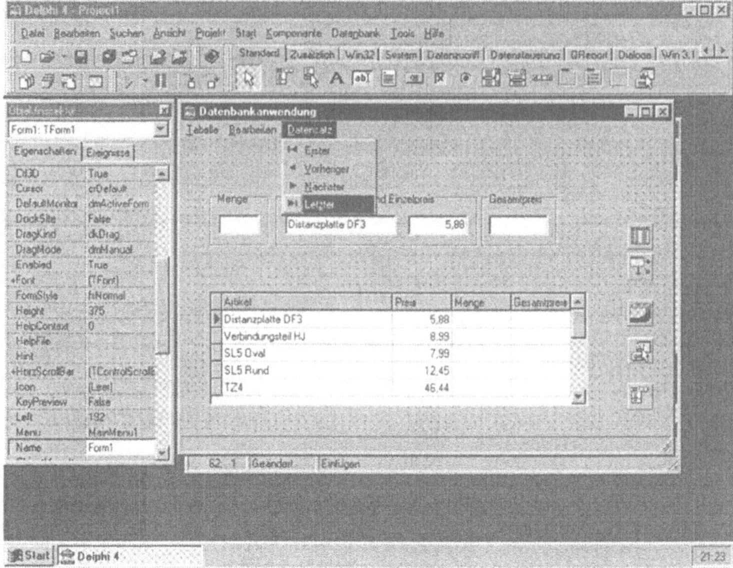

Abb. 7.12. Die Anwendung

Symbolleiste

Nachdem die Menüleiste erstellt ist, können Sie sich daran begeben, die Symbolleiste für die Funktion Ausschneiden, Kopieren und Einfügen zu erstellen.

- Doppelklicken Sie hierfür auf der Seite Win32 auf die Komponente ToolBar. Sie wird dadurch automatisch unterhalb der Menüleiste angeordnet.
- Tragen Sie für die Eigenschaft Indent den Wert 3 ein. Setzen Sie Images auf ImageList1 und ShowHint auf True.

Die Eigenschaft Indent legt dabei den Abstand zwischen dem linken Rand der Symbolleiste und der ersten Schaltfläche in Pixel fest.

- Klicken Sie danach mit der rechten Maustaste auf die ToolBar-Leiste und wählen Sie die Funktion Neuer Schalter aus. Fügen Sie dem dargestellten Schalter im Objektinspektor unter der Eigenschaft Action den Wert Ausschneiden1 zu.
- Verfahren Sie mit den Aktionen Kopieren und Einfügen genauso.

Damit ist die Symbolleiste für die Bearbeitungsfunktionen schon fertig.

Symbolleiste Datensteuerung

Für die Datensteuerung in der Anwendung benutzen Sie ebenfalls eine Symbolleiste. Fügen Sie daher nochmals eine ToolBar Komponente in das Hauptformular ein.

- Setzen Sie die Eigenschaft Align auf alBottom und tragen Sie für Height den Wert 30 ein.
- Setzen Sie Images auf ImageList1 und Indent auf 25. Mit dieser Einstellung wird der erste Schalter unterhalb der DBGrid-Komponente gesetzt.
- Setzen Sie einen neuen Schalter und weisen Sie ihm über die Eigenschaft Action die Aktion Erster1 zu.
- Fügen Sie weitere Schalter für die Aktionen Vorheriger1, Nächster1 und Letzter1 hinzu.

Abbildung 7.13 zeigt das fertige Hauptformular mit den verwendeten Komponenten.

Abb. 7.13. Die Anwendung

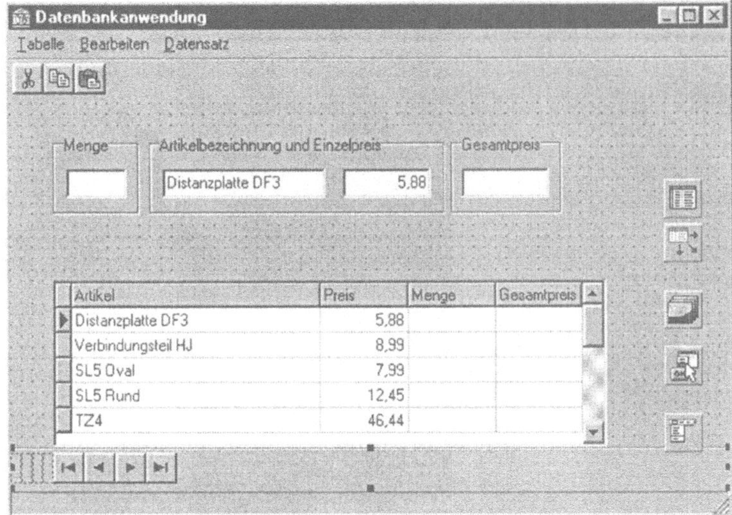

Nachdem das Hauptformular soweit erstellt ist, können Sie nun daran gehen, es mit dem gewünschten Programmcode zu füllen.

Dabei soll die Anwendung es Ihnen ermöglichen, über einen Eintrag in das Mengenfeld automatisch beim Verlassen des Feldes den Gesamtpreis zu errechnen.

- Markieren Sie hierfür die Komponente DBEdit1 und rufen Sie die Ereignisprozedur OnExit mit einem Doppelklick auf.

- Tragen Sie den nun folgenden Programmcode zur Berechnung des Gesamtpreises ein.

```
procedure TForm1.DBEdit1Exit(Sender: TOb-
ject);
var Berechnung : real;
begin
  Berechnung :=StrToFloat(DBEdit1.Text) *
               StrToFloat(DBEdit3.Text);
  DBEdit4.Text := For-
mat('%.2f',[Berechnung]);
end;
```

Damit ist der Programmcode zum Berechnen des Gesamtpreises schon erledigt.

Nun sollen aber auch noch die Befehle Aktualisieren und Beenden mit Programmcode gefüllt werden.

Aktualisieren

Man kann unter Delphi mit der Methode Post eine Datenbank zur Laufzeit aktualisieren. Tragen Sie daher für die Ereignisprozedur, im Menü Tabelle/Aktualisieren wählen, folgenden Pascal-Code ein.

```
procedure TForm1.Aktualisieren1Click(Sender:
TObject);
begin
     if Table1.State in [dsEdit] then
        Table1.Post;

     MessageDlg('Datenbank ist aktualisiert
       worden!',mtInformation,[mbOK],0);
end;
```

Wie Sie am Programmcode erkennen können, wird nach dem Aktualisieren ein Meldefenster ausgegeben, das der Anwender mit OK bestätigen muss.

Für die Ereignisbehandlungsroutine Beenden fügen Sie in die Prozedur einfach den Befehl:

```
Close;
```

ein.

Wenn Sie die Anwendung jetzt mit F9 starten, sollte sich das Hauptfenster wie in Abbildung 7.14 präsentieren.

Sie finden das lauffähige Programm auch auf der Buchdiskette unter dem Namen Kap07/Projekt1.

Abb. 7.14 Die fertige Anwendung

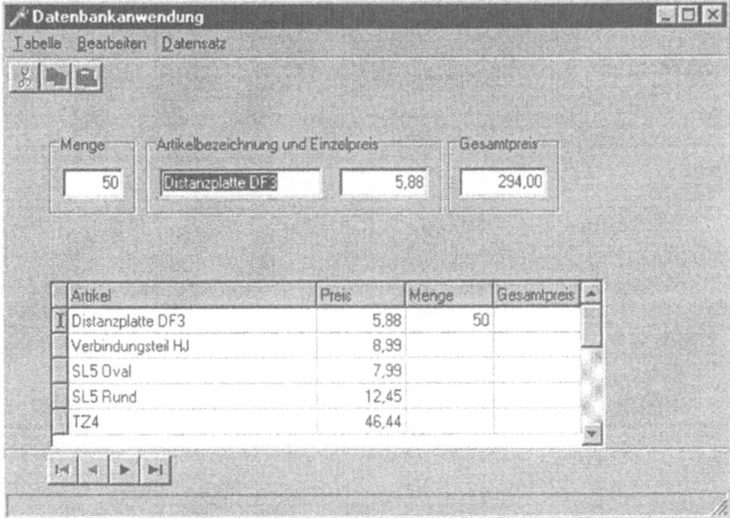

Wie Sie an diesem Anwendungsbeispiel ersehen können, ist es mit Delphi sehr einfach, schnell und effektiv Datenbankzugriffe durchzuführen.

Post-Methode

Bedenken Sie bitte beim Arbeiten mit Datenbanken, dass in Delphi Änderungen in den Datenfeldern nach dem Verlassen des Datenfeldes sofort wirksam werden. Die Änderungen wirken sich dabei automatisch auf die durch Table verbundene Datenbank aus.

7.6 Der Formularexperte

Delphi stellt Ihnen zur Arbeitserleichterung bei Datenbankanwendungen den Datenbankformularexperten zur Verfügung. Hiermit lassen sich schnell und einfach nützliche Formulare zur Datenbankbearbeitung erzeugen. Dabei unterstützt der Formularexperte sowohl einfache Tabellen wie auch relationale Datenbanktabellen.

Das nachfolgende kleine Beispiel zeigt die Arbeitsweise des Formularexperten auf.

- Öffnen Sie ein neues leeres Projekt.
- Wählen Sie im Menü Datenbank die Option Formular-Experte aus.

- Es erscheint das erste Dialogfenster des Formular-Experten.

Abb 7.15. Dialog1

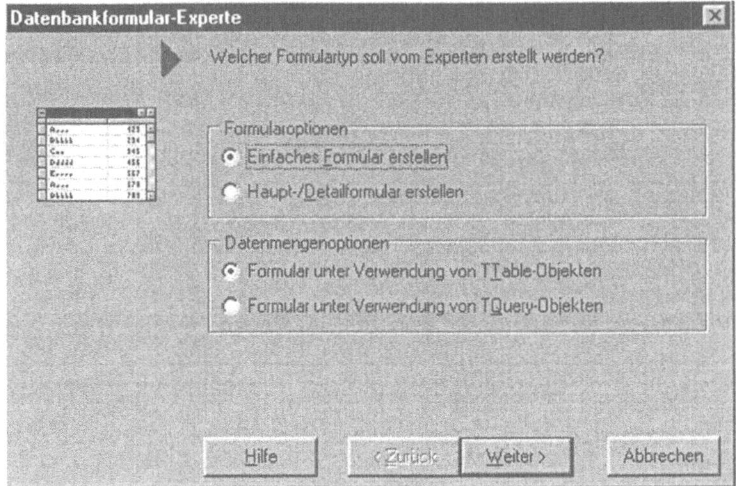

Hier müssen Sie die Entscheidung treffen, ob es sich um einfache Datentabellen oder um relationale Tabellen handelt.

- Für diese Anwendung wählen Sie die Einstellung Einfaches Formular erstellen.

Über die Funktion Haupt-/Detail-Formular erzeugen würden Sie auf relationale Datenbanken zugreifen.

- Als Datenmengenoption belassen Sie bitte die Einstellung Formular unter Verwendung von TTable-Objekten erstellen.
- Bestätigen Sie Ihre Einstellungen mit einem Mausklick auf die Schaltfläche Weiter >.

Hiernach wird über den Formularexperten ein weiteres Dialogfenster ausgegeben.

Abb. 7.16. Dialog 2

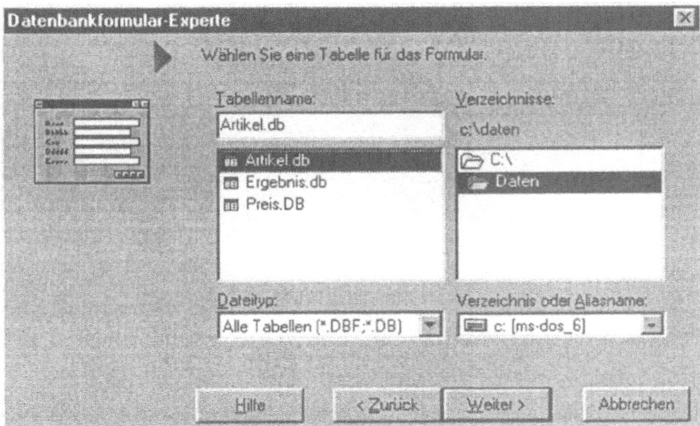

- Wählen Sie jetzt über das Dialogfenster die gewünschte Datenbank aus.
- Benutzen Sie hier die Beispieldatei Artikel.db von der mitgelieferten Buchdiskette und klicken Sie auf Weiter>.
- Im nachfolgenden Dialogfenster können Sie aus der Liste Verfügbare Felder die Felder auswählen, die in der Anwendung angezeigt werden sollen.

Abb 7.17 Dialog 3

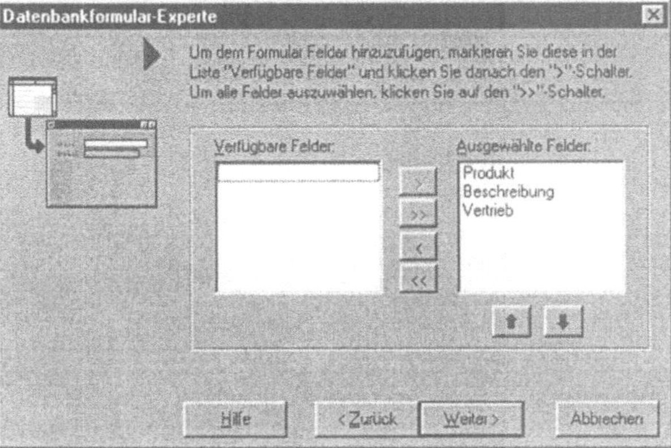

- Klicken Sie direkt auf die Schaltfläche >> so werden alle Felder automatisch übernommen.
- Übernehmen Sie daher die Felder und klicken Sie auf Weiter >.

Das vierte Dialogfenster des Formularexperten definiert die Anordnung der Felder.

Abb. 7.18. Dialog 4

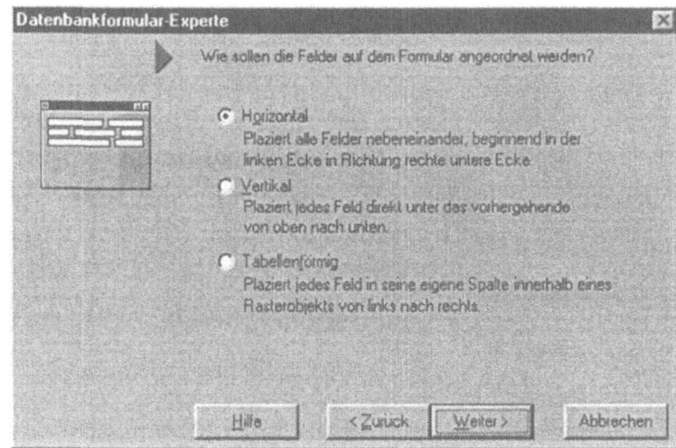

- Wählen Sie hier die Einstellung Tabellenförmig um die Daten in Spalten und Zeilen darzustellen.
- Klicken Sie auf Weiter >.
- Der Formularexperte erzeugt mit dieser Einstellung das schon bekannte DBGrid-Objekt für die Tabellendarstellung.

Abb. 7.19 Dialog 5

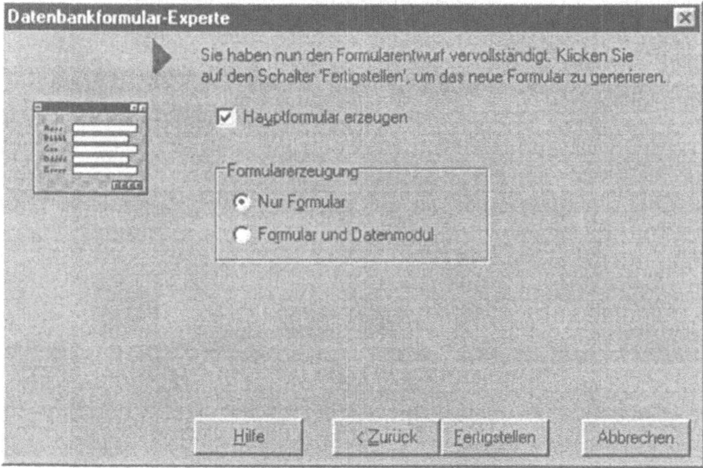

- Belassen Sie im letzten Dialogfenster die Einstellungen Hauptformular erzeugen und Formularerzeugung Nur Formular bestehen und klicken Sie auf die Schaltfläche Fertigstellen.

Nach dem Klick auf Fertigstellen generiert Delphi ein neues Formular für die Darstellung der Datenbankfelder in Form eines DBGrid-Objektes.

Compilieren Sie die Anwendung mit F9, so steht Ihnen die gewählte Tabelle zur Verfügung. Über eine weitere Komponente vom Typ DBNavigator können Sie sich in der Tabelle bewegen und Erstellungs-, Änderungs- und Löschoperationen in der Datenbank durchführen.

Abb. 7.20 Die Anwendung

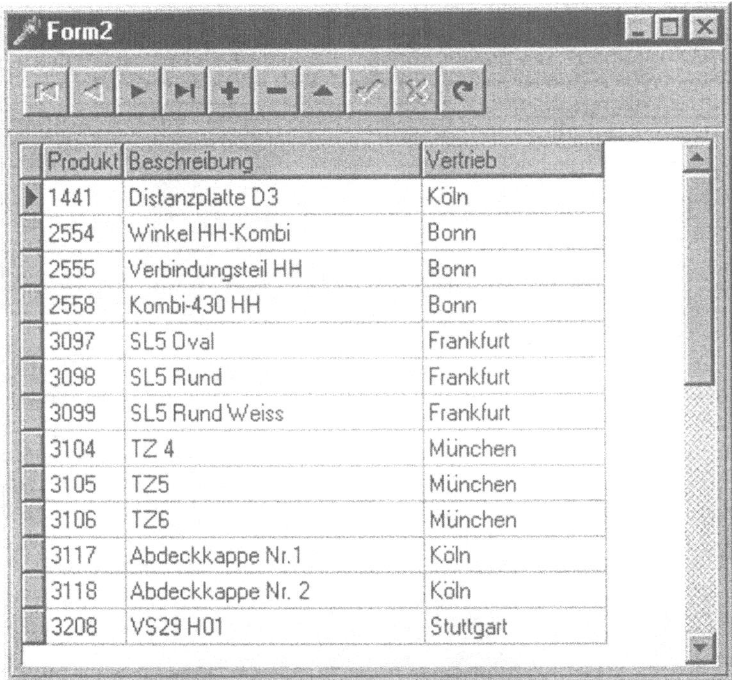

Nachfolgend könnten Sie diese Anwendung mit weiteren Delphi-Komponenten erweitern, beispielsweise mit einer Menüleiste oder einer Toolbar-Komponente.

Einen entsprechenden Pascal-Code zum Sortieren, Löschen und Ändern von Datensätzen finden Sie in der Musteranwendung Informationssysteme im Kapitel 8.

7.7 Der Datenbank-Explorer

Den Datenbank-Explorer, bzw. SQL-Explorer in der Client / Server-Version unter der Programmgruppe Delphi oder über das Menü Datenbank/Explorer aufzurufen, ermöglicht es Ihnen, während der Entwicklung von Applikationen mit einem für Datenbank-Server spezifischen Schemaobjekt zu arbeiten.

Abb. 7.21 Datenbank-Explorer

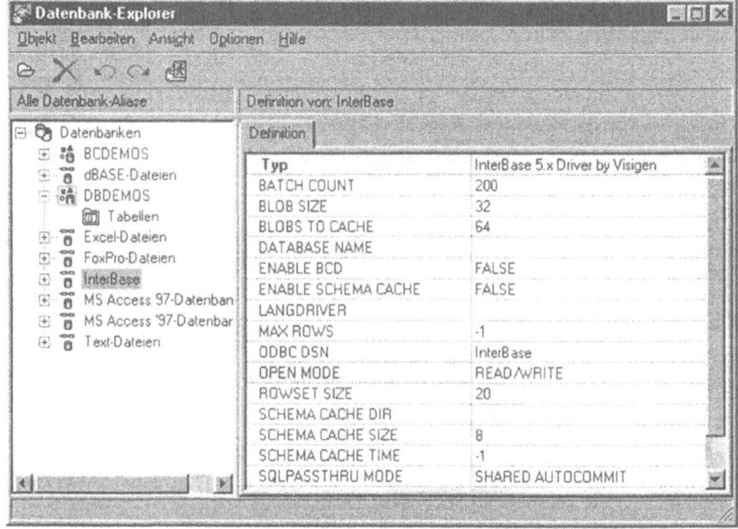

Das heißt Sie können zur Laufzeit über den Datenbank-Explorer Tabellen erstellen, löschen oder aber auch umstrukturieren.

Weiterhin ist es auch möglich sogenannte SQL-Anweisungen einzugeben, um beispielsweise eine Datenbank abzufragen oder eine neue Tabelle zu kreieren.

Wie Sie aus Abbildung 7.21 ersehen können, ist der Datenbank-Explorer wie ein hierarchischer Datenbank-Browser aufgebaut. Dabei zeigt die linke Seite alle in der Datenbank verfügbaren Aliase. Der rechte Ausschnitt enthält Registerseiten, die die Definition der Datenbank angeben, SQL-Anweisungen zulassen und den Inhalt der Tabelle ausgeben.

Neuen Alias anlegen

Um mit dem Datenbank-Explorer einen neuen Datenbank-Alias zu erstellen, gehen Sie wie folgt vor.

- Öffnen Sie den Datenbank-Explorer.
- Wählen Sie im Menü Objekte die Auswahl Neu... .
- Verwenden Sie als Datenbank-Treibernamen die Einstellung Standard und klicken Sie auf OK.

- Der Explorer trägt nun unter Datenbank-Aliase STANDARD1 ein.
- Wechseln Sie jetzt in die Seite Definition und tragen Sie unter Path den Verzeichnispath für den für die Buchdiskette gewählten ein.
- Für das beschriebene Beispiel als C:\Daten
- Wählen Sie im Menü Objekte/Speichern unter... aus, und bestätigen Sie hier die Angabe speichern unter STANDARD1 mit OK.

Abb. 7.22. Explorer mit neuen Aliasen

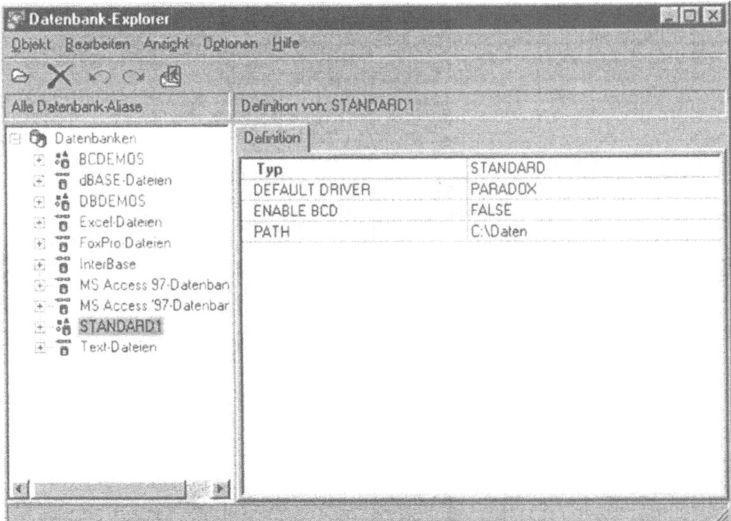

Damit ist der neue Datenbank-Alias eingetragen und Sie können diesen in den nachfolgenden Musteranwendungen verwenden.

7.8 SQL - Die Sprache der Datenbanken

Bisher haben Sie für den Datenzugriff nur die Komponente Table benutzt. Alternativ ist es in Delphi aber auch möglich, die Query-Komponente einzusetzen.

Sie stellt im Gegensatz zu Table keine direkte Verbindung mit der Datenbanktabelle her, sondern ermöglicht eine spezielle Abfragemöglichkeit über die Abfragesprache SQL.

Die Structured Query Language, kurz SQL, hat sich aus der strukturierten Abfragesprache Sequel (Structured English Query Language) entwickelt und dient der Erstellung und Abfrage relationaler Datenbanksysteme der unterschiedlichen Hersteller. Dadurch ist es möglich, mit SQL auf Datenbanken im lokalen Rechner oder im sogenannten Client / Server-Umfeld zuzugreifen.

SQL

Dabei dürfen Sie SQL nicht mit einer allgemeinen Programmiersprache wie Pascal oder C verwechseln, da selbst sehr komplexe Datenbankabfragen sich auf einfache Art und Weise ausdrücken lassen.

Auch besteht der SQL-Sprachschatz aus nur sehr wenigen Befehlen, die auch als Klauseln bezeichnet werden. Delphi verwendet den SQL-Standard 92. Die Sprache SQL selber setzt sich aus vier Teilsprachen zusammen.

- Query Language (QL)
- Data Control Language (DCL)
- Data Manipulation Language (DML)
- Data Definition Language (DDL)

QL dient dabei der Zusammenstellung der einzelnen Informationen aus einer Datenquelle. Über DCL organisieren Sie die Zugriffsrechte auf die entsprechenden Daten. DML dient der Pflege und Erstellung von Daten und über DDL werden Tabellen aufgebaut und verändert.

Nachfolgend benutzen Sie wieder ein kleines Beispielprogramm für den Einsatz der Abfragesprache SQL. Hier kommt auch die Komponente Query zum Einsatz, die es Ihnen ermöglicht, die Eigenschaft SQL direkt zu setzen und diese damit zur Laufzeit zu manipulieren. Mit diesem Programm können Sie dann die im Abschnitt 7.8.2 beschriebenen SQL-Abfragen durchführen.

7.8.1 Die Anwendung SQL-Viewer

Dem Beispielprogramm SQL-Viewer geht die Datenbanktabelle Lager.db voraus. Diese besitzt den Aufbau aus Abbildung 7.23.

Mit dem Programm SQL-Viewer wird die Leistungsfähigkeit der SQL-Abfragesprache aufgezeigt. Experimentieren Sie daher unbedingt mit der Anwendung. Machen Sie sich also mit SQL Vertraut, da diese Sprache fast universell auf alle Datenbanken angewendet werden kann.

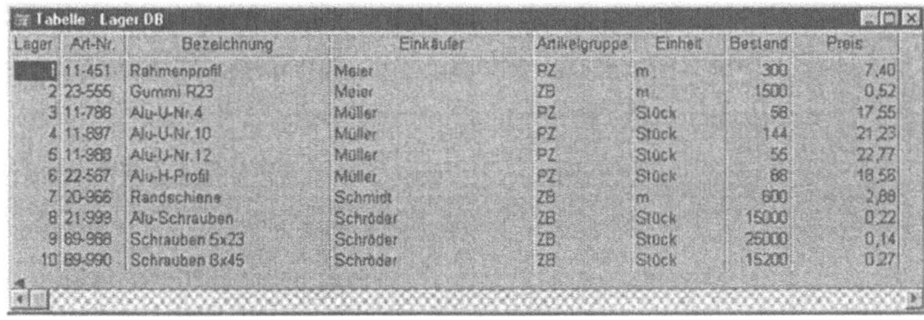

Lager	Art-Nr.	Bezeichnung	Einkäufer	Artikelgruppe	Einheit	Bestand	Preis
1	11-451	Rahmenprofil	Meier	PZ	m	300	7,40
2	23-555	Gummi R23	Meier	ZB	m	1500	0,52
3	11-788	Alu-U-Nr.4	Müller	PZ	Stück	58	17,55
4	11-897	Alu-U-Nr.10	Müller	PZ	Stück	144	21,23
5	11-988	Alu-U-Nr.12	Müller	PZ	Stück	56	22,77
6	22-567	Alu-H-Profil	Müller	PZ	Stück	88	18,58
7	20-966	Randschiene	Schmidt	ZB	m	600	2,88
8	21-999	Alu-Schrauben	Schröder	ZB	Stück	15000	0,22
9	89-988	Schrauben 5x23	Schröder	ZB	Stück	25000	0,14
10	89-990	Schrauben 8x45	Schröder	ZB	Stück	15200	0,27

Abb. 7.23 Die Datenbasis

- Öffnen Sie zum Erstellen der Anwendung ein neues leeres Projekt in Delphi.
- Markieren Sie das Hauptformular Form1 und vergeben Sie für Caption die Bezeichnung SQL-Viewer.
- Tragen Sie für die Eigenschaften Height 375 und für Width 540 ein.
- Wählen Sie danach zweimal die Komponente Label aus der Standard-Seite aus, und legen Sie folgende Eigenschaften fest.
- Für Label1, die Eigenschaft Caption als Ansicht Datenquelle, für Left 16 und Top 24.
- Für Label2 setzen Sie die Eigenschaft Caption mit Neue Abfrage erstellen... fest. Vergeben Sie hierfür Left den Wert 16 und für Top 192.
- Wählen Sie danach die Komponente Query aus der Seite Datenzugriff aus, und platzieren Sie diese nicht sichtbare Komponente in den oberen rechten Bereich des Formulars.
- Setzen Sie die Eigenschaft DatabaseName auf Standard1.

Sollte bei Ihnen als DatabaseName Standard1 nicht verfügbar sein, richten Sie diesen Alias wie in Abschnitt 7.7 beschrieben ein.

- Fügen Sie dem Hauptformular jetzt noch die DataSource-Komponente aus der Datenzugriffs-Seite hinzu, und setzen Sie die Eigenschaft DataSet auf Query1.
- Wählen Sie als weitere Komponente DBGrid aus der Seite Datensteuerung aus und legen Sie folgende Eigenschaften fest.
- Setzen Sie DataSource auf DataSource1, vergeben Sie für die Eigenschaften Height, Left, Top und Width die Werte 120, 16, 40 und 500.

Damit ist die Komponente DBGrid in das Formular eingefügt und mit der Datenquelle, die von der Komponente Query angesprochen wird, verbunden.

- Fügen Sie jetzt noch dem Formular eine Memo-Komponente aus der Standard-Seite mit folgenden Eigenschaften hinzu.
- Setzen Sie für die Eigenschaften Height, Left, Top und Width die Werte 81, 16, 208 und 340 ein.
- Nun benötigen Sie noch zwei Button-Komponenten aus der Standardseite.
- Vergeben Sie für Button1 als Caption die Bezeichnung Abfrage und für die Eigenschaften Left 40 und Top 304.
- Für Button2 ist die Eigenschaft Caption Beenden und für Left und Top vergeben Sie die Werte 248 und 304.

Haben Sie das Formular den Vorgaben nach erstellt, sollte es so aussehen wie in Abbildung 7.24.

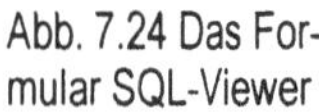
Abb. 7.24 Das Formular SQL-Viewer

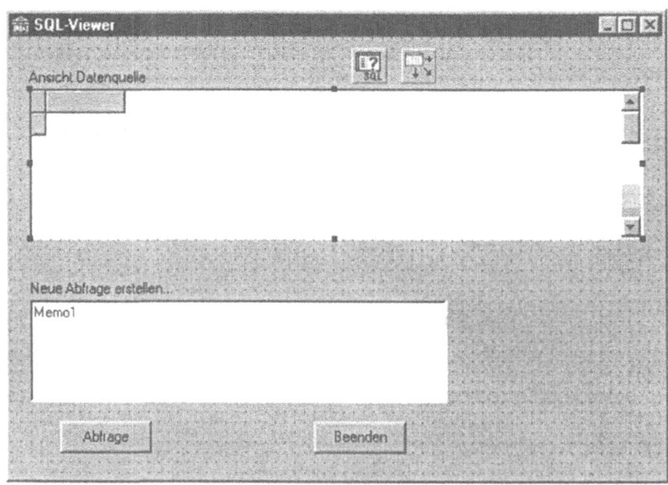

- Durch einen Doppelklick auf den Button Abfrage können Sie den Aufruf der SQL-Anweisung programmieren. Legen Sie daher das nachfolgende Listing an.

```
procedure TForm1.Button1Click(Sender: TOb-
ject);
var Abfrage : String;
begin
     With Query1 do begin
```

```
      Close;
    Abfrage:= Memo1.Text;

     With SQL do begin
      Clear;
      Add(Abfrage);
      end;
    Open;
end;
end;
```

Sie weisen dabei der direkt gesetzten Eigenschaft SQL den Inhalt der Komponente Memo1.Text zu. Über die Methode Add wird der Eigenschaft SQL ganz einfach der String von Memo angehängt.

- Die Ereignisprozedur der zweiten Schaltfläche Beenden enthält die Codierung zum Schließen der Anwendung.
- Tragen Sie dort einfach nur Close; ein.

Die fertiggestellte Anwendung können Sie nun speichern, compilieren und starten, um die nachfolgenden SQL-Ausdrücke nachvollziehen zu können.

Sie finden die Anwendung auch auf der Buchdiskette unter dem Namen SQL-Viewer.exe

Tragen Sie beim Testen den verwendeten SQL-Ausdruck in das Memofeld ein und starten Sie die Anweisung über die Schaltfläche Abfrage.

7.8.2 Abfragebefehle

Beachten Sie, dass alle SQL-Abfragen aus einer SELECT-Anweisung, gefolgt von einer oder mehreren Bedingungen bestehen. Diese können sich dabei auch über mehrere Zeilen erstrecken. Die wichtigsten Anweisungen von SQL-Abfragen lauten:

- SELECT - Auswahl der Tabelle
- FROM - Tabellenname in der Datenquelle
- WHERE - Selektion der Datensätze
- ORDER BY - Ergebnis sortieren

Dabei braucht die Groß- und Kleinschreibung der Befehle nicht beachtet zu werden. Zur besseren Lesbarkeit werden aber alle im Buch verwendeten SQL-Ausdrücke groß geschrieben.

SELECT - Auswahl der Tabelle(n)

Der SELECT-Befehl von SQL gibt die Spalten an, die von einer oder mehreren Tabellen angezeigt werden sollen. Ferner legt der SELECT-Befehl fest, in welcher Anordnung dies geschehen soll.

Die folgende SQL-Anweisung fragt alle Spalten und Zeilen der Tabelle Lager.db ab, so dass diese in der Anwendung SQL-Viewer komplett angezeigt wird.

```
SELECT * FROM Lager
```

Schließen Sie nach der Eingabe der Anweisung das Memofeld über die Abfrage-Schaltfläche ab, so wird die komplette Tabelle der Datenbank Lager.db angezeigt.

Abb. 7.25: SQL-Abfrage

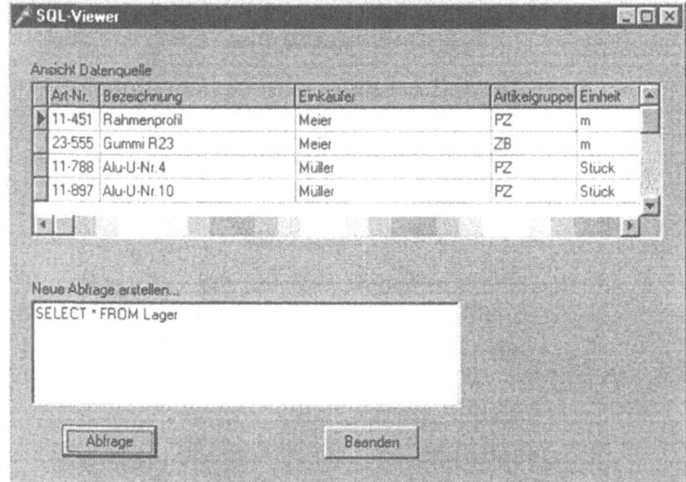

Sie können unter SQL auch bei der FROM Anweisung den kompletten Pfad der Datenquelle angeben. Da Sie in diesem Beispiel aber die Komponente Query benutzen, wird der Datenzugriff über den angegebenen Datenbank-Alias erledigt.

Soll die SQL-Anweisung jedoch nur die Datenfelder Bezeichnung und Einkäufer als Abfrage Ergebnis anzeigen, so muß die SELECT-Anweisung folgendes Aussehen haben.

```
SELECT Bezeichnung,Einkäufer FROM Lager
```

Abbildung 7.26 zeigt Ihnen das Abfrage-Ergebnis der SQL-Anweisung.

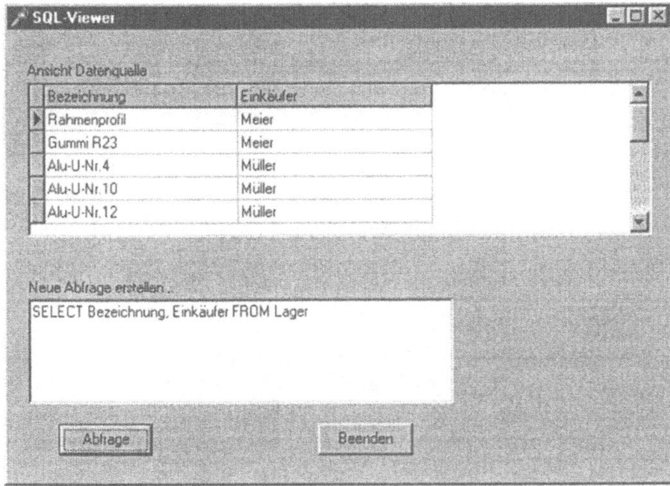

Abb. 7.26: SQL-Abfrage

WHERE - Eine Bedingung formulieren

Die Anweisung WHERE gibt die von jeder auszugebenden Zeile der Datenquelle zu erfüllende Bedingung an. Die Auswahl von Tabellenzeilen nach bestimmten Kriterien in einer Datenbank bezeichnet man als Restriktion.

Um mit der WHERE-Anweisung eine Bedingung formulieren zu können, fügen Sie diese einfach an die SELECT-Anweisung an. Dabei stehen Ihnen folgende Operatoren für die Auswahlkriterien zur Verfügung:

Vergleichsoperatoren

>	größer als
>=	größer gleich
<	kleiner
<=	kleiner gleich
=	gleich
<>	ungleich

Logische Operatoren

AND	Konjunktion (UND)
OR	Disjunktion (ODER)
NOT	Negation

Spezielle Operatoren

IN	enthalten in einer Menge
BETWEEN	enthalten in einem Wertebereich
LIKE	einem angegebenen Wert ähnlich

Über die angegebenen Operatoren haben Sie jetzt die Möglichkeit eine Bedingung für SQL zu formulieren.

```
SELECT * FROM Lager
WHERE Einkäufer = "Schröder"
```

Durch diese Anweisung werden alle Daten aus der Tabelle gesucht, die der Bedingung Einkäufer = Schröder entsprechen. Abbildung 7.27 zeigt die Lösung im SQL-Viewer an.

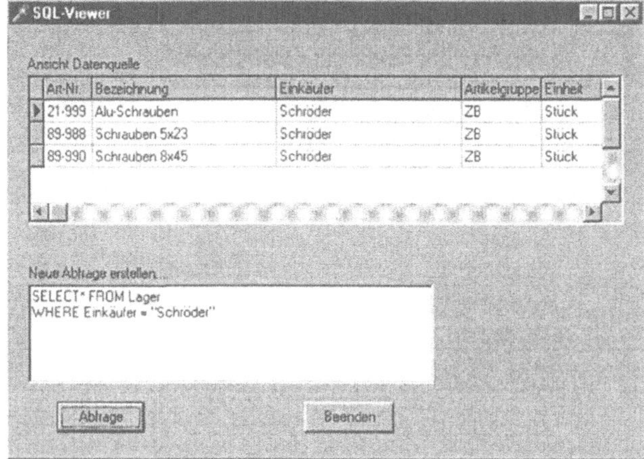

Abb. 7.27: SQL-Abfrage

Sie können über WHERE-Anweisungen auch mehrere Bedingungen kombinieren. So können Sie beispielsweise alle Artikel des Einkäufers, die einen Bestand von über 15000 haben, herausfiltern.

Hierzu kombinieren Sie einfach zwei Bedingungen durch den logischen Operator AND.

```
SELECT * FROM Lager
WHERE Einkäufer = "Schröder"
AND Bestand > 15000
```

Diese Abfrage liefert das Ergebnis aus Abbildung 7.28.

Abb. 2.28: AND-Bedingung

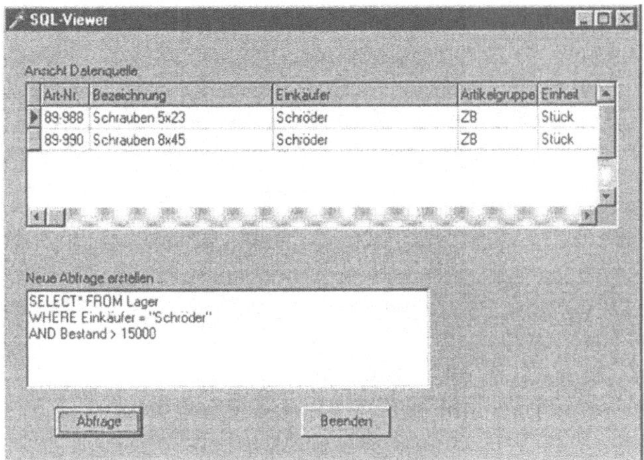

Durch den speziellen Operator BETWEEN können Sie Abfragewerte bestimmen, die in einem angegebenen Bereich liegen. Dadurch ist es sehr schnell möglich eine bedingte Eingrenzung der Daten zu erreichen.

```
SELECT * FROM Lager
WHERE Preis BETWEEN 2.0 AND 19.0
```

Die angegebene Abfrage wählt alle Daten der Datenquelle Lager aus, deren Preis zwischen 2.0 DM und 19.0 DM liegt.

Beachten Sie bei der Angabe der Zahlen die englische bzw. amerikanische Schreibweise. Das heißt Sie müssen den Punkt und nicht das Komma verwenden.

Der Operator IN ermöglicht Ihnen eine gezielte Wahl von Datensätzen. Dabei werden nur Datensätze ausgegeben, die der Vorgabe entsprechen.

```
SELECT * FROM Lager
WHERE Bezeichnung IN ('Gummi R23','Schrauben
5x23')
```

Diese Abfrage ermittelt alle Datensätze, deren Datenfeld Bezeichnung die Einträge Gummi R23 und Schrauben 5x23 enthält. Abbildung 7.29 und 7.30 zeigen die Ergebnisse für BETWEEN und IN.

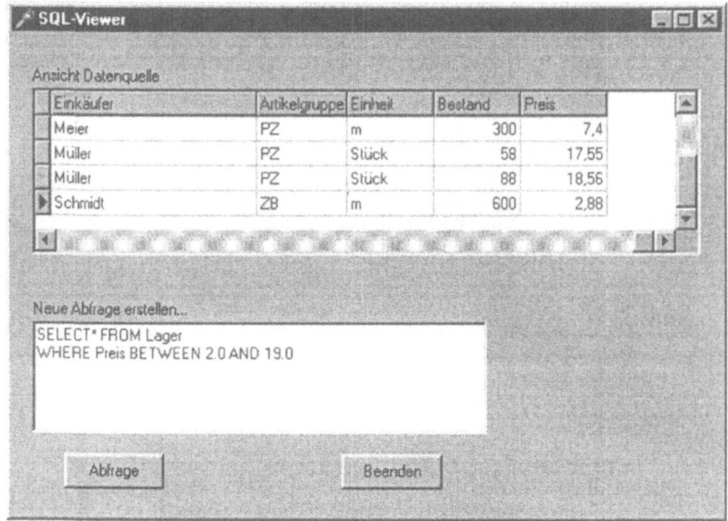

Abb. 7.29 BETWEEN

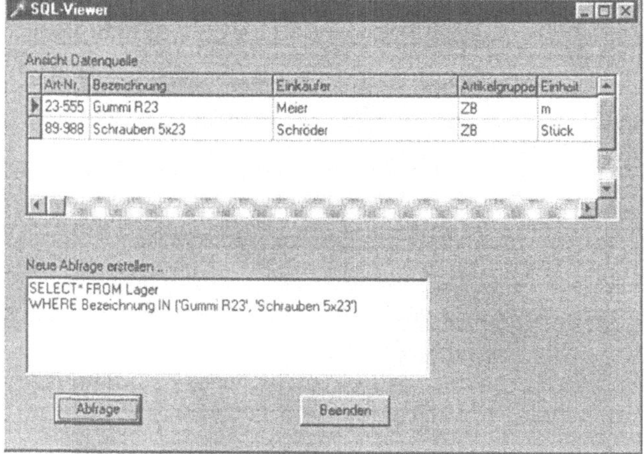

Abb. 7.30: Abfrage mit IN

Über den Operator LIKE können Sie in SQL ein Zeichenmuster definieren. Dabei legt LIKE das Zeichenmuster fest.

```
SELECT * FROM Lager
WHERE Bezeichnung LIKE "Alu%"
```

Durch die Angabe von % legen Sie die Ersetzungszeichen fest. Das Ergebnis der Abfrage zeigt Abbildung 7.31.

Abb. 7.31: Abfrage mit LIKE

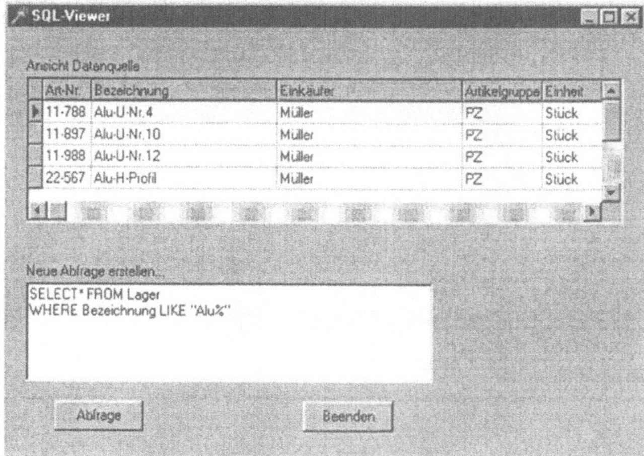

Sie dürfen anstelle eines Spaltennamens sowohl in der Auswahlliste des SELECT-Befehls als auch in der WHERE-Bedingung einen Ausdruck einsetzen.

Dabei kann der Ausdruck aus Spaltennamen und / oder Konstanten bestehen, die durch arithmetische Operatoren verknüpft werden können. Die Operatoren sind +, -, / und *.

ORDER BY - Reihenfolge bestimmen

Die ORDER BY-Anweisung von SQL veranlasst eine sortierte Ausgabe der Daten. Dabei kann eine beliebige Anzahl von Spalten angegeben werden, die in aufsteigender oder absteigender Reihenfolge sortiert werden sollen.

So können Sie beispielsweise über ORDER BY die Tabellen nach der Bezeichnung in aufsteigender Reihenfolge sortieren lassen.

```
SELECT * FROM Lager
ORDER BY Bezeichnung
```

Die Ausgabe der Tabelle erfolgt nun sortiert in aufsteigender Reihenfolge.

Abb. 7.32: ORDER BY

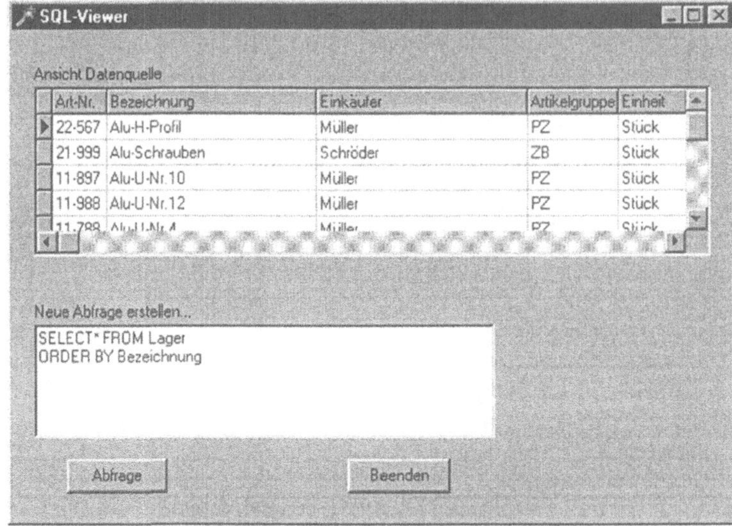

Möchten Sie die Tabelle in absteigender Reihenfolge sortieren, so verwenden Sie bei der Anweisung ORDER BY den Zusatz DESC.

Bisher haben Sie nur SQL-Abfragebefehle kennengelernt. SQL stellt aber auch Befehle zur Definition von Datenbanktabellen zur Verfügung.

Die wichtigsten lauten CREATE zum Erstellen, ALTER zum Ändern und DROP zum Löschen der Tabelle.

CREATE TABLE

Der Befehl CREATE TABLE erstellt eine neue Tabelle, dabei muss für jede Spalte der Name und der entsprechende Feldtyp definiert werden.

- Wählen Sie für das nachfolgende Beispiel den Datenbank-Explorer von Delphi aus.
- Selektieren Sie den Datenbank-Alias STANDARD1 und geben Sie unter der SQL-Seite folgenden Code ein.

```
CREATE TABLE "Material.db"
(
Material     CHAR(20),
Bestand      NUMERIC(10,2),
Abteilung    CHAR(15),
Primary Key(Material)
)
```

Primary Key

Über das Schlüsselwort Primary Key erstellen Sie einen Primärindex für die neue Tabelle in der Spalte Material.

DROP TABLE

Mit dem Befehl DROP TABLE "Tabellenname" können Sie die angegebene Tabelle löschen.

ALTER TABLE

Mit dem Befehl ALTER TABLE ist es möglich, Spalten hinzuzufügen oder zu löschen. Der Aufruf:

```
ALTER TABLE "Material.db"
DROP Abteilung
```

würde die Spalte Abteilung aus der Datenbanktabelle Material löschen.

Mit der Anweisung:

```
ALTER TABLE "Material.db"
ADD Einkäufer CHAR(20)
```

würden Sie der Tabelle eine Spalte Einkäufer hinzufügen. Beachten Sie bitte, dass Spalten mit einem Primärindex über DROP nicht gelöscht werden können.

Wie Sie an SQL erkennen können, ist die direkte Eingabe der Anweisung ein unschätzbarer Vorteil. Sie kommen so auf dem schnellsten Weg zum gewünschten Ergebnis. Machen Sie sich diesen Vorteil bei der Datenbankprogrammierung mit Delphi zu nutzen.

7.9 Die Datenbank im Client/Server Umfeld

Wie Sie wissen, werden heute im großen Maße Client/Server-Lösungen für komplexe Zugriffsstrukturen zur Verfügung gestellt.

Dabei übernimmt der zentrale Rechner (Server) die komplette Verwaltung der Datenbank und koordiniert die Zugriffe der Anwender (Client).

Frontend

Es entsteht dadurch ein nach Möglichkeit optimales Gleichgewicht zwischen Server und Client. Der Client dient bei dem Datenbankzugriff als sogenannter Frontend, stellt also damit die Schnittstelle zwischen Anwender und Server-Datenbank her.

Backend

In dieser Anwendungskonstellation stellt der Server das Rückgrat dar, den sogenannten Beckend.

Dadurch entsteht eine ausgeglichene Nutzung der Ressourcen, reduzierter Datenverkehr im Netzwerk und dadurch gesteigerte Verarbeitungsgeschwindigkeit.

Die Übertragung zwischen Client und Server erfolgt meistens mittels einer SQL-Nachricht über das Netz.

7.9.1 Local-Interbase-Server

Um mit Delphi Client / Server-Datenbankanwendungen auf einer lokalen Entwicklerplattform zu entwickeln und zu testen, steht Ihnen in der Client/Server-Version von Delphi der Local-Interbase-Server zur Verfügung.

Dieser emuliert einen Server auf der lokalen Plattform, damit ist ein Testen der entsprechenden Applikation unter echten Bedingungen möglich. Als Abfragesprache wird das sogenannte ISQL eingesetzt. ISQL steht für InteractiveSQL.

7.9.2 ODBC oder IDAPI

Bei ODBC, dem Open Datebase Connectivity von Microsoft und dem IDAPI, Integrated Database Application Programming Interface, handelt es sich um zwei Schnittstellen für Datenbanken, die den Zugriff auf Daten mit unterschiedlichen Formaten ermöglichen.

Diese Schnittstellen ermöglichen Ihnen also den Zugriff auf Datenbestände in Datenbanken der verschiedensten Hersteller. Beachten Sie aber, dass es bei Zugriffen auf gemischte Datenbestände zum Beispiel Datenbanktabelle A (ODBC-Zugriff) und Datenbanktabelle B (IDAPI-Zugriff) zu Verzögerungen kommen kann, da Zeit für die entsprechende Übersetzung verloren geht.

Der große Vorteil dieser Schnittstellen liegt darin, dass das verwendete Datenformat keine Rolle mehr spielt, da die entsprechende Schnittstelle die Kommunikation übernimmt.

7.10 Datenbanken modellieren

Wie Sie sehen konnten, bietet Delphi eine Fülle von Komponenten, die die Anwendungsentwicklung von Datenbank-Applikationen unterstützen.

Bedenken Sie aber, dass Datenbanken ständigen veränderbaren Bedingungen unterliegen und sich daher anpassen müssen.

Es ist daher äußerst wichtig, die Datenbank richtig zu modellieren, sprich Ihre Struktur optimal anzulegen.

Nutzen Sie auch hierfür unbedingt ein von Ihnen erstelltes geeignetes Phasenkonzept. Beachten Sie, dass die Datenbank den Anforderungen des Unternehmens entsprechen muss und nicht umgekehrt.

Teil C
Anwendungsentwicklung

8. Anwendungsentwicklung

Arbeiten mit Delphi

Bei einer Entwicklungsumgebung wie Delphi steht das praxisgerechte Arbeiten natürlich im Vordergrund.

Daher werden im Folgenden einige Anwendungen aus den kaufmännischen Bereich vorgestellt, mit denen Sie Ihre Programmierkenntnisse vertiefen können.

Die Beispiele wurden alle mit Delphi 4.0 erstellt und sind so beschrieben, dass sie für Sie leicht am Bildschirm umgesetzt werden können. Alle Beispiele finden Sie auch auf der mitgelieferten Buchdiskette.

Die aufgeführten Musteranwendungen werden exemplarisch bis zu einem bestimmten gültigen Resultat durchgespielt und unterstützen Sie darin, ähnliche Problemstellungen nach der Lektüre zu lösen.

Daher experimentieren Sie mit den Anwendungen und lassen Sie Ihre eigenen Ergänzungen und Anregungen, die Sie umsetzen können, mit einfließen, um die Anwendung Ihren individuellen Gegebenheiten anzupassen.

Alle Musteranwendungen sind nach folgender Struktur gegliedert:

- Anwendungsbeschreibung: Hier erfahren Sie, für welchen Bereich die Anwendung zu verwenden ist.
- Programmleistung: Welche Forderungen werden an das Programm gestellt.
- Alternativ die Angabe einer Variablenliste, also welche Variablen benötigt werden und was für einen Datentyp besitzen sie.
- Datenbankstruktur: Beschreibt, wenn erforderlich, die genutzte Datenbankstruktur.
- Aufbau der Anwendung.
- Code-Implementierung.
- Test: Hier werden Testdaten (Probelauf) zur Verfügung gestellt.

Mit diesen Angaben können Sie sehr schnell die einzelnen Schritte der Anwendung verfolgen, so dass das Programmieren mit Delphi in der Unternehmens Softwareentwicklung ganz einfach wird.

8.1 Betriebswirtschaftliche Kennzahlen

Was sind Kennzahlen ?

Betriebswirtschaftliche Kennzahlen dienen als Maßstabswert für den innerbetrieblichen und zwischenbetrieblichen Vergleich. Dabei sind Kennzahlen der Leistung, Wirtschaftlichkeit, Rentabilität und Liquidität besonders aussagefähig. Diese Kennzahlen sollen dazu beitragen, Rationalisierungserfolge zahlenmäßig messbar zu machen.

Die Anwendung

Die hier zu erstellende Delphi-Anwendung soll es Ihnen ermöglichen, folgende betriebliche Kennzahlen zu ermitteln:

- Arbeitsproduktivität
- Kapitalproduktivität
- Wirtschaftlichkeit I
- Wirtschaftlichkeit II

Weiterhin sollen die wichtigsten Kennzahlen zur Finanzierungskraft errechnet werden. Dazu zählen:

- Produktivität
- Rentabilität
- Umsatzrentabilität
- Umsatzverdienstrate
- Eigenkapitalrentabilität

Diese Auflistung stellt zwar noch nicht alle betrieblichen Kennziffern dar, Sie können der Anwendung aber die von Ihnen benötigten Kennzahlen hinzufügen.

Die Vorbereitung des Hauptformulars

Die Delphi-Lösung des Hauptformulars soll die oben beschriebenen Funktionen aufweisen. Erstellen Sie daher nach Möglichkeit ein gleiches Formular wie in Abbildung 8.1 aufgezeigt.

Auf dem Formular werden zwei RadioGroup-Komponenten, neun RadioButton, zwei GroupBox und drei Edit sowie drei Label-Komponenten verwendet.

Die Schaltfläche Berechnen soll die Berechnung ermöglichen, und die Schaltfläche Beenden bietet schließlich eine alternative Möglichkeit, das Programm zu schließen.

Abb.:8.1 Kennzahlen-Analyse

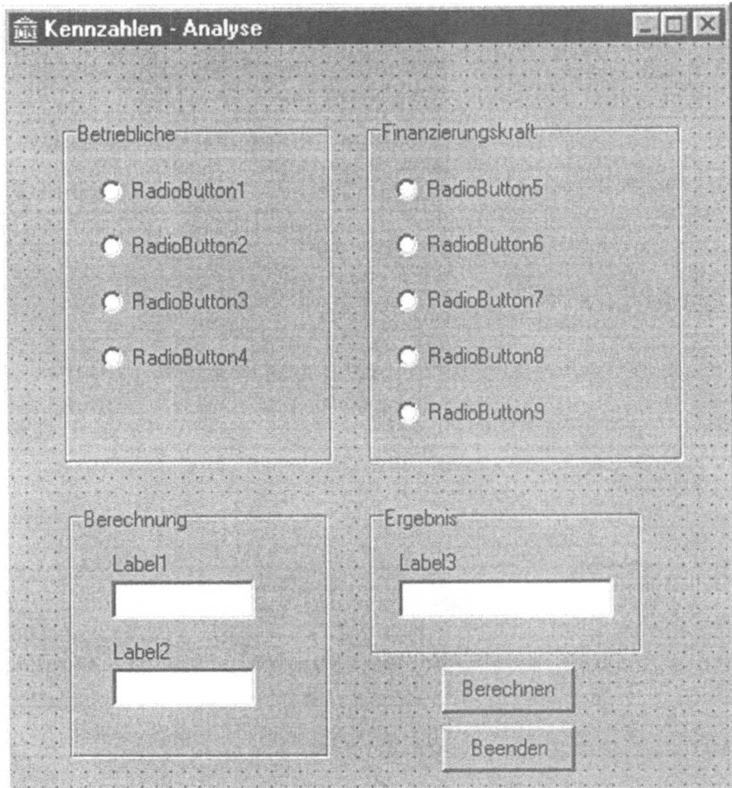

- Erstellen Sie das vorgegebene Formular und löschen Sie den Inhalt der Eigenschaft Text der Edit-Komponenten.
- Setzen Sie zusätzlich die Eigenschaft Enabled der Edit3-Komponente auf False.
- Löschen Sie auch den Inhalt der Eigenschaft Caption der Label-Komponenten.

Variablen

Da die Beschriftung der verwendeten RadioButton zur Laufzeit erfolgen soll, benötigen Sie acht Felder zur Definition mit der gewählten Bezeichnung Labels1 bis Labels8, die unter der Variablenangabe im Quelltext definiert werden.

Weiterhin benötigen Sie unter der Private-Deklaration die nachfolgend im Code aufgeführten Variablen zur Berechnung der Kennzahlen.

Der Programmcode zeigt den Implementierungsteil der Unit, wie er für die Anwendung benötigt wird.

```
private
   Ed1, ED2                    : Real;
   AP, AM, ARS                 : Real;
   KO, KP, L, IK, SK           : Real;
   P, PM, FM, R, G, KA         : Real;
   UM, UR, UV, UL, WK          : Real;
   CF, EK, EKR, GK, GKR, Z     : Real;
   Steuerung                   : Integer;
    { Private-Deklarationen}
  public
    { Public-Deklarationen}
  end;

var
  Form1: TForm1;
var
  Labels1 : Array[0..2] of
String=('Arbeitsproduktivität',
    'Ausbringungsmenge','Arbeitsstunden');

  Labels2 : Array[0..2] of
String=('Kapitalproduktivität',
    'Kapitaleinsatz','Wirtschaftlichkeit');

  Labels3 : Array[0..3] of
String=('Leistungen','Kosten',
    'Istkosten','Sollkosten');

  Labels4 : Array[0..2] of
String=('Produktivität',
    'Produktionsmen-
ge','Faktoreneinsatzmenge');

  Labels5 : Array[0..2] of
String=('Rentabilität',
    'Gewinn','Kapital');
```

```
  Labels6 : Array[0..2] of
String=('Umsatzrentabilität',
     'Umsatzerlöse','Cash-flow');

  Labels7 : Array[0..1] of
String=('Umsatzverdienstrate',
     'Eigenkapitalrentabilität');

  Labels8 : Array[0..2] of
String=('Umsatzerlöse',
     'Eigenkapital','Gesamtkapital');


implementation

{$R *.DFM}
```

Wie Sie erkennen können, wird der Variablentyp Real zur Darstellung einer Fließkommazahl verwendet.

Als weiterer Schritt muss die Initialisierung des Hauptformulars erfolgen. Nach dem Programmstart soll das Hauptformular wie in Abbildung 8.2 dargestellt werden.

Abb.: 8.2 Formular zur Laufzeit

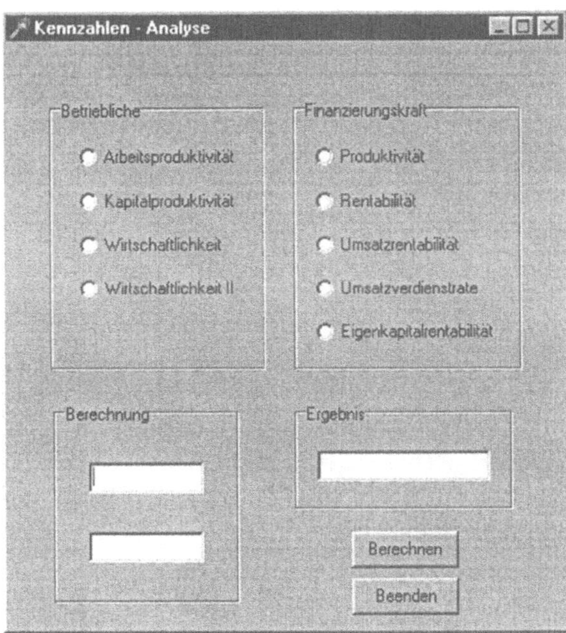

Hierzu müssen beim Start der Anwendung die RadioButton-Komponenten initialisiert werden.

Fügen Sie daher die Prozedur TForm1.FormActivate hinzu:

```
procedure TForm1.FormActivate(Sender: TOb-
ject);
begin
 //Initalisieren des Hauptformulars
 RadioButton1.Caption :=Labels1[0];
 RadioButton2.Caption :=Labels2[0];
 RadioButton3.Caption :=Labels2[2];
 RadioButton4.Caption :=Labels2[2]+' II';
 RadioButton5.Caption :=Labels4[0];
 RadioButton6.Caption :=Labels5[0];
 RadioButton7.Caption :=Labels6[0];
 RadioButton8.Caption :=Labels7[0];
 RadioButton9.Caption :=Labels7[1];
 end;
```

Weiterhin müssen Sie für die entsprechenden Prozeduren der RadioButton-Komponenten folgenden Quellcode aufnehmen:

```
procedure TForm1.RadioButton1Click(Sender:
TObject);
begin
 Steuerung:=1;
 Label1.Caption :=Labels1[1];
 Label2.Caption :=Labels1[2];
 Label3.Caption :=Labels1[0];
 Edit1.Text :='';
 Edit2.Text :='';
 Edit3.Text :='';
end;

procedure TForm1.RadioButton2Click(Sender:
TObject);
begin
Steuerung:=2;
 Label1.Caption :=Labels1[1];
 Label2.Caption :=Labels2[1];
 Label3.Caption :=Labels2[0];
 Edit1.Text :='';
 Edit2.Text :='';
 Edit3.Text :='';
end;
```

```
procedure TForm1.RadioButton3Click(Sender:
TObject);
begin
Steuerung:=3;
 Label1.Caption :=Labels3[0];
 Label2.Caption :=Labels3[1];
 Label3.Caption :=Labels2[2];
 Edit1.Text :='';
 Edit2.Text :='';
 Edit3.Text :='';
end;

procedure TForm1.RadioButton4Click(Sender:
TObject);
begin
Steuerung:=4;
 Label1.Caption :=Labels3[2];
 Label2.Caption :=Labels3[3];
 Label3.Caption :=Labels2[2];
 Edit1.Text :='';
 Edit2.Text :='';
 Edit3.Text :='';
end;

procedure TForm1.RadioButton5Click(Sender:
TObject);
begin
Steuerung:=5;
 Label1.Caption :=Labels4[1];
 Label2.Caption :=Labels4[2];
 Label3.Caption :=Labels4[0];
 Edit1.Text :='';
 Edit2.Text :='';
 Edit3.Text :='';
end;

procedure TForm1.RadioButton6Click(Sender:
TObject);
begin
Steuerung:=6;
 Label1.Caption :=Labels5[1];
 Label2.Caption :=Labels5[2];
 Label3.Caption :=Labels5[0];
 Edit1.Text :='';
 Edit2.Text :='';
 Edit3.Text :='';
end;
```

```
procedure TForm1.RadioButton7Click(Sender:
TObject);
begin
Steuerung:=7;
 Label1.Caption :=Labels5[1];
 Label2.Caption :=Labels6[1];
 Label3.Caption :=Labels6[0];
 Edit1.Text :='';
 Edit2.Text :='';
 Edit3.Text :='';
end;

procedure TForm1.RadioButton8Click(Sender:
TObject);
begin
Steuerung:=8;
 Label1.Caption :=Labels6[2];
 Label2.Caption :=Labels6[1];
 Label3.Caption :=Labels7[0];
 Edit1.Text :='';
 Edit2.Text :='';
 Edit3.Text :='';
end;

procedure TForm1.RadioButton9Click(Sender:
TObject);
begin
Steuerung:=9;
 Label1.Caption :=Labels6[2];
 Label2.Caption :=Labels8[1];
 Label3.Caption :=Labels7[1];
 Edit1.Text :='';
 Edit2.Text :='';
 Edit3.Text :='';
end;
```

Die variable Steuerung dient hier als Zuweisung für die später erfolgende Berechnung der Kennzahl. Label1, Label2 und Label3 erhalten jeweils ihren richtigen Bezeichnungstext und der Inhalt der Text-Eigenschaft der Edit Komponenten wird gelöscht, damit es nicht zu Überschreibungen kommen kann.

Die Prozedur zum Berechnen der Kennzahlen

Die Prozedur zum Berechnen der Kennzahlen wird in der Anwendung wie folgt codiert:

```
procedure TForm1.Button1Click(Sender: TOb-
ject);
begin
 Ed1 :=StrToFloat(Edit1.Text);
 Ed2 :=StrtoFloat(Edit2.Text);

 Case Steuerung of
     1: Begin
        AP := Ed1 / Ed2;
        Edit3.Text := Format('%.2f',[AP]);
        end;
     2: Begin
        KP := Ed1 / Ed2;
        Edit3.Text := Format('%.6f',[KP]);
        end;
   3,4: Begin
        WK := Ed1 / Ed2;
        Edit3.Text := Format('%.2f',[WK]);
        end;
     5: Begin
        P := Ed1 / Ed2;
        Edit3.Text := Format('%.2f',[P]);
        end;
     6: Begin
        R := (Ed1 / Ed2) * 100;
        Edit3.Text := Format('%.2f',[R]);
        end;
     7: Begin
        UR := (Ed1 / Ed2)*100;
        Edit3.Text := Format('%.2f',[UR]);
        end;
     8: Begin
        UV := (Ed1 / Ed2)*100;
        Edit3.Text := Format('%.2f',[UV]);
        end;
     9: Begin
        EKR := (Ed1 / Ed2)*100;
        Edit3.Text := Format('%.2f',[EKR]);
        end
 end;
end;
end.
```

In dieser Prozedur werden zunächst zwei Variablen

- Ed1 := StrToFloat(Edit1.Text);
- Ed2 := StrToFloat(Edit2.Text);

zur Aufnahme der Eingabe der Edit-Felder vereinbart. Um mit dem Inhalt rechnen zu können, muss der Inhalt mit der Funktion StrToFloat in eine Fließkommazahl konvertiert werden.

Nach der Konvertierung wird über eine Case-Bedienung die entsprechende Berechnung durchgeführt. Danach wird dem Feld Edit3 ein formatierter Text zur Ausgabe übergeben.

Wird die Schaltfläche Beenden aktiviert, soll das Programm beendet werden. Daher wird die Anwendung über den Quellcode aus der Prozedur Button2Click geschlossen.

```
procedure TForm1.Button2Click(Sender: TOb-
ject);
begin
 Close;
end;
```

Programmlauf

Ist die Kodierung der Anwendung abgeschlossen, so sollte Ihre Anwendung zur Laufzeit wie in Abbildung 8.3 dargestellt aussehen.

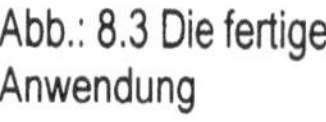
Abb.: 8.3 Die fertige Anwendung

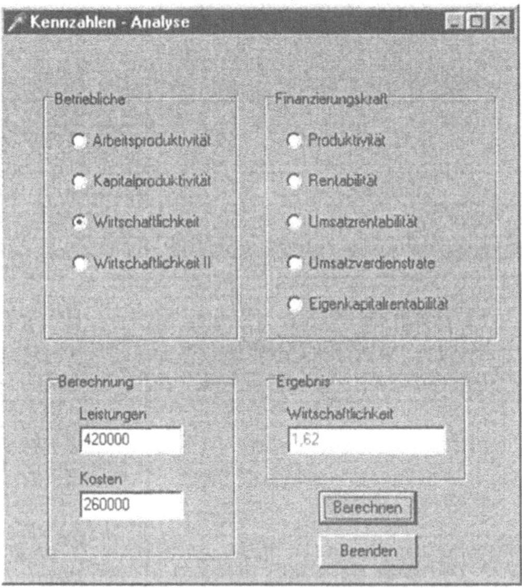

Alternativ können Sie die Anwendung auch mit zwei Funktionen aufbauen und den Rückgabewert einfach an das Feld Edit3 übergeben.

Sie finden die Anwendung auch unter dem Ordner Kap8-1 auf der entpackten Buchdiskette.

Auswertung der Anwendung

Im ersten Abschnitt wurde Ihnen die Anwendung zur Errechnung der Kennzahlen vorgestellt. Nachfolgend werden die Kennzahlen der jeweiligen Thematik erläutert.

8.1.1 Arbeitsproduktivität

In der Betriebswirtschaft erhält man die Kennziffer Arbeitsproduktivität, indem man die Ausbringungsmenge auf den mengenmäßigen Einsatz an Produktionsfaktoren bezieht.

Die sich daraus entwickelte Formel lautet:

- Arbeitsproduktivität = Ausbringungsmenge / Arbeitsstunden

Diese Formel ist in der Anwendung als

- AP := Ed1 / Ed2;

kodiert worden. Als Beispieldaten können Sie die Werte 1440 Stück / 160 Std = 9 Stück/Std. verwenden.

8.1.2 Kapitalproduktivität

Neben der Arbeitsproduktivität kann man die Ausbringungsmenge auch auf den Kapitaleinsatz beziehen. Man spricht dann von Kapitalproduktivität.

Die Formel lautet hier:

- Kapitalproduktivität=Ausbringungsmenge / Kapitaleinsatz

Beispieldaten : 1440 Stück / 200000 DM KP=0,0072 DM

Die Produktionsmenge, die je DM Kapital eingesetzt wird, beträgt 0,0072 DM.

8.1.3 Wirtschaftlichkeit

Man erhält die Wirtschaftlichkeit, indem man die wertmäßige Leistung auf den Wert der eingesetzten Kosten bezieht.

Die Wirtschaftlichkeit errechnet sich wie folgt:

- Wirtschaftlichkeit = Leistung / Kosten

Die Leistung ergibt sich dabei aus Menge * Marktpreis. Als Beispieldaten 420000DM / 260000 DM entspricht für die Wirtschaftlichkeit von 1,62 DM.

Das heißt, jede als Kosten eingesetzte DM-Leistung erbringt 1,62 DM. Die Wirtschaftlichkeit ist damit erreicht.

8.1.4 Wirtschaftlichkeit II

Es ist auch möglich, die Wirtschaftlichkeit über die Ist- und Sollkosten zu ermitteln.

Die entsprechende Formel lautet:

- Wirtschaftlichkeit = Istkosten / Sollkosten

Beispiel: W= 250000 DM / 210000 DM => 1,19 DM

Je kleiner der Wert dieses Verhältnisses ist, desto größer ist die Wirtschaftlichkeit.

8.1.5 Produktivität

In der Betriebswirtschaft gibt es auch für die Finanzierungskraft eine Kennziffer der Produktivität.

Hiermit wird die mengenmäßige Ergiebigkeit der Leistungserstellung ausgedrückt.

Die Formel lautet:

- Produktivität = Produktionsmenge / Faktoreneinsatzmenge

Es handelt sich hierbei um die allgemeine Form der Produktivität.

8.1.6 Rentabilität

Die Rentabilität errechnet sich, indem man den Gewinn prozentual auf das durchschnittlich eingesetzte Kapital bezieht.

Die allgemeine Formel lautet daher:

- Rentabilität = Gewinn / durchschnittlich eingesetztes Kapital * 100

Beispieldaten für die Anwendung : 40000 DM / 400000 DM entspricht einer Rentabilität von 10 %.

8.1.7 Umsatzrentabilität

Die Kennzahl Umsatzrentabilität ist das prozentuale Verhältnis von bereinigtem Gewinn und Umsatz.

Die Formel für diese Kennzahl lautet:

- Umsatzrentabilität = bereinigter Gewinn / Umsatzerlöse * 100

Als Beispieldaten können Sie hier die folgenden Werte verwenden: 97000 DM / 81000 DM entspricht einer Umsatzrentabilität von
11,98 %.

8.1.8 Cash-flow-Umsatzverdienstrate

Die Kennziffer Cash-flow-Umsatzverdienstrate, auch Kassenzufluss genannt, erfasst den tatsächlichen Mittelfluss aus der Unternehmung.

Dabei setzt sich der Cash-flow wie folgt zusammen:

Jahresüberschuss

+ Abschreibungen auf Anlagen

+ Zuführungen zu langfristigen Rückstellungen

====================================

= Cash-flow

Daraus ergibt sich für die Cash-flow-Umsatzverdienstrate folgende Formel:

- Cash-flow-Umsatzverdienstrate = Cash-flow / Umsatzerlöse * 100

Als Beispieldaten können Sie für die Umsatzverdienstrate folgende Werte einsetzen: 1500 / 4500 ergibt 33,33 %.

Das heißt von jeweils 100 DM Umsatzerlösen fließen 33,33 DM als flüssige Mittel zurück.

8.1.9 Cash-flow-Eigenkapitalrentabilität

Die Cash-flow-Eigenkapitalrentabilität setzt sich aus der nachfolgenden Formel zusammen:

- Cash-flow-Eigenkapitalrentabilität = Cash-flow / Eigenkapital * 100

Als Beispiel dienen hier die Werte: 1700 / 4800 entspricht 35,42 %.

Auf jeweils 100 DM eingesetztem Eigenkapital fließen 35,42 DM an flüssigen Mitteln zurück.

Hier in dieser Musteranwendung werden nur einige Kennzahlen, die für betriebliche Berechnungen benötigt werden, vorgestellt. Sie können und sollten die jeweiligen Anwendungen nach Ihren eigenen Vorgaben erweitern.

Sie finden die Anwendung auch auf der Buchdiskette unter dem Kapitel 8-1.

8.2 Musterlösung: Wirtschaftlich lagern

Das nachfolgende Delphi-Programm soll es Ihnen ermöglichen, das Überlager bzw. Unterlager anhand des Lieferbereitschaftsgrads zu ermitteln.

Als Besonderheit soll die Dialogumgebung der Anwendung zweisprachig ausgelegt sein. Das heiß der Anwender soll entscheiden können, ob die Anzeige in Deutsch oder Englisch erfolgen soll.

8.2.1 Das Überlager

Unter einem Überlager versteht man in der Betriebswirtschaft bei einem Handelsunternehmen jenen Teil des Lagers, der eigentlich nicht vorrätig sein müsste, wenn richtig disponiert worden wäre.

Um jetzt das Überlager ermitteln zu können benötigt man:

- Die Ermittlung des durchschnittlichen Soll-Lagerbestandes.
- Die Gegenüberstellung der durchschnittlichen Soll- und Ist-Lagerbestände.

Bei der hierbei ermittelten Differenz handelt es sich um das Über- bzw. das entsprechende Unterlager.

8.2.2 Fallbeispiel

In dem vorgestellten Fall soll ermittelt werden, wie hoch das abbaufähige Überlager ist. Der Anwender soll aber Servicegrade von 70 %, 80 %, 90 % und 95 % einstellen können.

Der Servicegrad

Der Servicegrad ist eine Kennziffer der Lagerwirtschaft, diese Kennziffer gibt Auskunft über die durchschnittliche Lieferfähigkeit eines Lagers innerhalb einer bestimmten Zeitspanne.

Der Servicegrad wird auch als Lieferbereitschaftsgrad bezeichnet.

Ausgangssituation

Als Ausgangssituation stehen Ihnen für das Fallbeispiel die folgenden Informationen aus der Lagerdisposition zur Verfügung:

- Servicegard => 90 %.

- Nachfrage der letzten 12 Monate: 450, 550, 600, 500, 520, 650, 700, 750, 200, 250, 350, 450.
- Lieferzeit beträgt 3 Wochen
- Durchschnittlicher Ist-Lagerbestand => 850.
- Bestellmenge => 2,6.

Die Bestellmenge wird hier mit 2,6 Monatsnachfragen angegeben. Dieser Wert ergibt sich aus der von der Disposition angegebenen Monats-Durchschnittsnachfrage von 500 Einheiten und einer Bestellmenge von 1300 Einheiten.

8.2.3 Die Anwendung

Vorbereitung des Hauptformulars

Die Delphi-Anwendung muß eine Eingabe der oben angegebenen Werte ermöglichen.

Erstellen Sie daher das Hauptformular wie in Abbildung 8.4 dargestellt.

Abb.: 8.4 Das Hauptformular

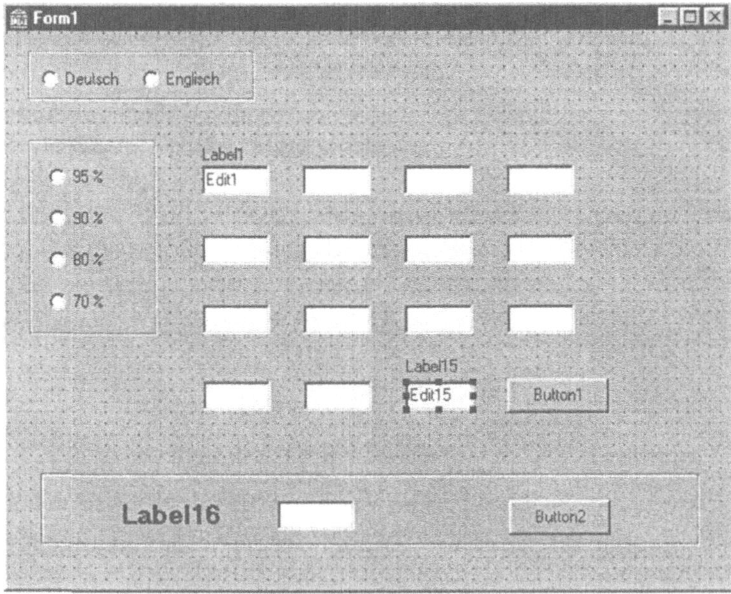

Sie benötigen auf dem Hauptformular zwei RadioGroup-Komponenten. Weiterhin werden 16 Label und Edit-Komponenten sowie eine GroupBox-Komponente benötigt. Löschen Sie bitte nach dem Platzieren der Komponente die Inhalte der jeweiligen Caption und für die Edit-Komponenten die Text-Eigenschaften. Damit es nicht zu Überschreibungen während der Laufzeit des Programms kommen kann.

- Bei der Label6-Komponente setzen Sie die Font-Eigenschaft auf Fett und den Schriftgrad auf 14.
- Setzen Sie die Enabled-Eigenschaft der Edit16-Komponente auf True und entfernen Sie auch die Beschriftungen der Button-Komponenten.

Vaiablen

Sie benötigen unter der Private-Deklaration der Unit die zur Berechnung aufgeführten Variablen.

```
private
     SG, ER1, ER2, ER3, ER4             : Real;
     E1,E2,E3,E4,E5,E6,E7,E8,E9,E10 : Real;
     E11,E12,E13,E14,E15                : Real;
     Lager, Sprache                     : Real;
     Code                             : Integer;
```

Hier wird zur Berechung auch der Variablentyp Real zur Darstellung einer Fließkommazahl verwendet.

Die Variable SG definiert hier den Servicegrad, ER1 bis ER4 werden für errechnete Zwischenergebnisse benötigt und E1 bis E15 stellen Variablen zur Eingabe der Werte zur Verfügung.

Die Variable Lager dient zur Errechnung des Über- bzw. Unterlagers und Sprache definiert die Anzeigesprache Deutsch oder Englisch.

Felder

Als Felder benötigen Sie neun Arrays zur Aufnahme der Bezeichnungen in Englisch und Deutsch.

- Tragen Sie daher nach der Public-Deklaration die nachfolgenden Felder ein.

```
var
  Form1: TForm1;
var
 Labels1 : Array[0..2] of String
=('Wirtschaftlich lagern',
  'Berechnen','Beenden');
```

```
 Labels2 : Array[0..2] of String =('Economic
store',
  'Calculate','Finish');
 Labels3 : Array[0..3] of String
=('Servicegrad',
  'Grade of service','Sprache','Language');
 Labels4 : Array[0..2] of String
=('Lieferzeit',
  'Bestellmenge','Ist-Lagerbestand');
 Labels5 : Array[0..2] of String =('Delivery
time',
  'Order mount','Ist-Stock');
 Labels6 : Array[0..2] of String
=('Ergebnis','Überlager',
  'Unterlager');
 Labels7 : Array[0..2] of String
=('Result','Up-Stock',
  'Down-Stock');
 D_Monat : Array[0..11] of String
=('Januar','Februar',

'März','April','Mai','Juni','Juli','August',
'September',
  'Oktober','November','Dezember');
 E_Monat : Array[0..11] of String
=('January','February',

'March','April','May','June','July','August'
,'September',
  'October','November','December');

implementation

{$R *.DFM}
```

Dabei werden folgende Bezeichnungen verwendet:

Deutsch	**Englisch**
Wirtschaftlich lagern	Economic store
Berechnen	Calculate
Beenden	Finish
Servicegrad	Grad of service
Sprache	Language
Lieferzeit	Delivery time

Deutsch	Englisch
Bestellmenge	Order mount
Ist-Lagerbestand	Is-Stock
Ergebnis	Result

Weiterhin werden die jeweiligen Monatsnamen in der Landessprache verwendet.

8.2.4 Die mehrsprachige Anwendung

In dieser Beispielanwendung wird der darzustellende Text über ein Feld realisiert, da es sich nur um sehr wenige Ausdrücke handelt.

Sprache in einer Datenbank

Alternativ können Sie die Beschreibungen auch in einer Datenbank verwalten. Diese sollte man auf jeden Fall vornehmen, wenn die Anwendung mehrere Sprachen und mehr als ein Formular beinhaltet.

Ressourcen-Editor

Die beste und professionellste Art eine mehrsprachige Anwendung zu entwickeln ist ein sogenannter Ressourcen-Editor. Mit diesem können Sie beliebige String-Tabellen verwalten und mit der jeweiligen Anwendung abrufen.

Ressourcen-Editoren werden von vielen Programm-Entwicklungsfirmen als Zusatz-Tools angeboten.

8.2.5 Das Hauptformular aktivieren

Nach dem Programmstart soll das Hauptformular initialisiert werden. Fügen Sie daher im Quelltext die Prozedur TForm1.FormActivate hinzu.

```
procedure TForm1.FormActivate(Sender: TOb-
ject);
begin
 Form1.Caption :='Anwendersprache wählen';
 Form1.Height :=425;
 Form1.Width  :=550;
end;
```

Nachdem das Hauptformular dargestellt wird, kann der Anwender über die RadioButton-Komponenten die entsprechende Sprache wählen.

Fügen Sie daher folgenden Code für die Initialisierung der Sprache Deutsch unter der Procedur TForm1.RadioButton1Click hinzu.

```
procedure TForm1.RadioButton1Click(Sender:
TObject);
begin
 //Initialisiert Sprache Deutsch
 Sprache :=1;
 Form1.Caption := Labels1[0];
 RadioGroup1.Caption :=Labels3[2];
 RadioGroup2.Caption :=Labels3[0];
 GroupBox1.Caption :=Labels6[0];
 Button1.Caption :=Labels1[1];
 Button2.Caption :=Labels1[2];
 Label1.Caption :=D_Monat[0];
 Label2.Caption :=D_Monat[1];
 Label3.Caption :=D_Monat[2];
 Label4.Caption :=D_Monat[3];
 Label5.Caption :=D_Monat[4];
 Label6.Caption :=D_Monat[5];
 Label7.Caption :=D_Monat[6];
 Label8.Caption :=D_Monat[7];
 Label9.Caption :=D_Monat[8];
 Label10.Caption :=D_Monat[9];
 Label11.Caption :=D_Monat[10];
 Label12.Caption :=D_Monat[11];
 Label13.Caption :=Labels4[0];
 Label14.Caption :=Labels4[1];
 Label15.Caption :=Labels4[2];

end;
```

Als Ergebnis dieser Zuweisung erhalten Sie das Formular wie in Abbildung 8.5 dargestellt.

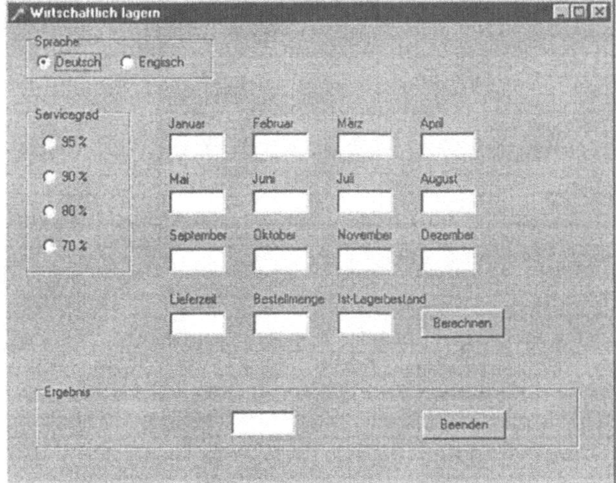

Abb.: 8.5 Anwendersprache Deutsch

Zuweisung Englisch

Für die Zuweisung des englischen Textes benutzen Sie den Code für die Prozedur TForm1.RadioButton2Click.

```
procedure TForm1.RadioButton2Click(Sender:
TObject);
begin
 //Initialisiert die Sprache Englisch
 Form1.Caption := Labels2[0];
 RadioGroup1.Caption :=Labels3[3];
 RadioGroup2.Caption :=Labels3[1];
 GroupBox1.Caption :=Labels7[0];
 Button1.Caption :=Labels2[1];
 Button2.Caption :=Labels2[2];
 Label1.Caption :=E_Monat[0];
 Label2.Caption :=E_Monat[1];
 Label3.Caption :=E_Monat[2];
 Label4.Caption :=E_Monat[3];
 Label5.Caption :=E_Monat[4];
 Label6.Caption :=E_Monat[5];
 Label7.Caption :=E_Monat[6];
 Label8.Caption :=E_Monat[7];
 Label9.Caption :=E_Monat[8];
 Label10.Caption :=E_Monat[9];
 Label11.Caption :=E_Monat[10];
 Label12.Caption :=E_Monat[11];
 Label13.Caption :=Labels5[0];
 Label14.Caption :=Labels5[1];
 Label15.Caption :=Labels5[2];

end;
```

Abbildung 8.6 zeigt das Ergebnis der Zuweisung.

Abb.: 8.6 Anwendersprache Englisch

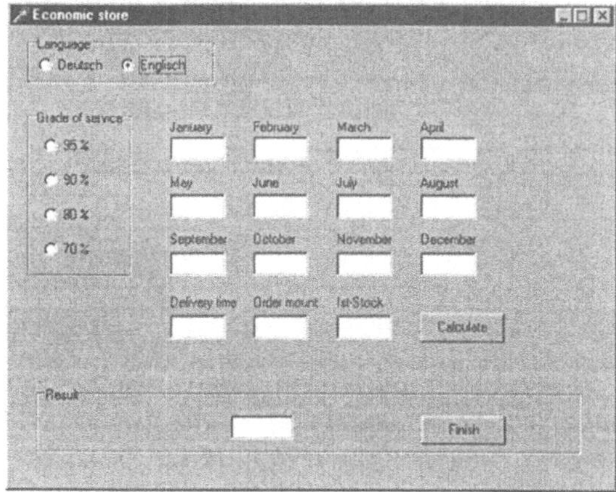

8.2.6 Servicegrad bestimmen

Für den Servicegrad gibt es festgelegte Faktoren, die zur Laufzeit der variablen SG zugewiesen werden sollen.

Dabei entspricht ein Servicegrad von:

- 95 % dem Faktor 1,645.
- 90 % dem Faktor 1,282.
- 80 % dem Faktor 0,842.
- 70 % dem Faktor 0,524.

Diese Werte werden über die Prozeduren RadioButton3 bis RadioButton6 zugewiesen. Der Quellcode hat dabei das nachfolgende Aussehen:

```
procedure TForm1.RadioButton3Click(Sender:
TObject);
begin
 SG :=1.645;
end;

procedure TForm1.RadioButton4Click(Sender:
TObject);
begin
 SG :=1.282;
end;

procedure TForm1.RadioButton5Click(Sender:
TObject);
```

```
begin
 SG := 0.842;
end;

procedure TForm1.RadioButton6Click(Sender:
TObject);
begin
 SG := 0.524;
end;
```

8.2.7 Berechnen Unter- bzw. Überlager

Zur Berechnung des Unter- bzw. Überlagers benötigen Sie folgenden Quellcode. Dieser wird unter der Prozedur Button1Click zum Berechnen eingetragen.

```
procedure TForm1.Button1Click(Sender: TOb-
ject);
begin
 Val(Edit1.Text,E1,Code);
 Val(Edit2.Text,E2,Code);
 Val(Edit3.Text,E3,Code);
 Val(Edit4.Text,E4,Code);
 Val(Edit5.Text,E5,Code);
 Val(Edit6.Text,E6,Code);
 Val(Edit7.Text,E7,Code);
 Val(Edit8.Text,E8,Code);
 Val(Edit9.Text,E9,Code);
 Val(Edit10.Text,E10,Code);
 Val(Edit11.Text,E11,Code);
 Val(Edit12.Text,E12,Code);
 Val(Edit13.Text,E13,Code);
 Val(Edit14.Text,E14,Code);
 Val(Edit15.Text,E15,Code);

 // Zwischenergebnis ermitteln
 ER1
:=(E1+E2+E3+E4+E5+E6+E7+E8+E9+E10+E11+E12);
 ER2 :=ER1/12;

 E1 :=(E1-ER2)*(E1-ER2);
 E2 :=(E2-ER2)*(E2-ER2);
 E3 :=(E3-ER2)*(E3-ER2);
 E4 :=(E4-ER2)*(E4-ER2);
 E5 :=(E5-ER2)*(E5-ER2);
 E6 :=(E6-ER2)*(E6-ER2);
 E7 :=(E1-ER2)*(E1-ER2);
```

```
 E8 :=(E1-ER2)*(E1-ER2);
 E9 :=(E1-ER2)*(E1-ER2);
 E10 :=(E1-ER2)*(E1-ER2);
 E11 :=(E1-ER2)*(E1-ER2);
 E12 :=(E1-ER2)*(E1-ER2);

 // Ergebnis ermitteln

 ER3
:=E1+E2+E3+E4+E5+E6+E7+E8+E9+E10+E11+E12;
 Er4 :=Sqrt(ER3/11);
 Lager :=(E15-
((ER2*E14)/2+ER4*SG*Sqrt(E13/4))+0.5);

 // Überlager oder Unterlager ausgeben!
 If Lager < 0 Then
  begin
   if Sprache =1 Then Label16.Caption
:=Labels6[2]
    else Label16.Caption :=Labels7[2];
   end
  Else
    if Sprache =2 Then Label16.Caption
:=Labels6[1]
     else Label16.Caption :=Labels7[1];
 // Ergebnis formatiert ausgeben!
 Edit17.text :=Format('%.2f',[Lager]);

end;

end.
```

Mit Hilfe der Funktion Val wird der Ziffernstring der Edit-Komponente in eine Fließkommazahl umgewandelt.

Der dritte Parameter Code enthält bei erfolgreicher Konvertierung aller Zeichen des Strings den Wert Null, ansonsten die Position des Zeichens, bei der die vorgenommene Konvertierung abgebrochen wurde.

Hiernach werden die benötigten Zwischenergebnisse ermittelt und in den einzelnen Variablen abgelegt.

Das Lager wird über die Formel:

- Durchschnittlicher Lagerbestand-((Ergebnis2 * Bestellmenge) / 2 + Ergebnis4 * Servicegrad * Wurzel aus (Lieferzeit/4))+0,5)

Über die IF-Anweisung wird überprüft, ob es sich um ein Über- oder Unterlager handelt und welcher Sprachentext ausgegeben werden muss.

Abbildung 8.7 zeigt das Ergebnis der Werte aus dem Fallbeispiel. Sie finden die Anwendung unter dem Kapitel 8-2 auf der entpackten Buchdiskette.

Abb. 8.7: Ergebnis

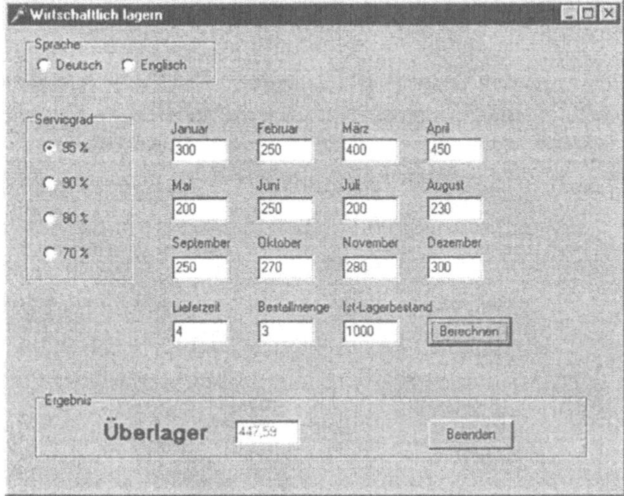

Abb. 8.8: Ergebnis in Englisch bei 90 % Servicegrad

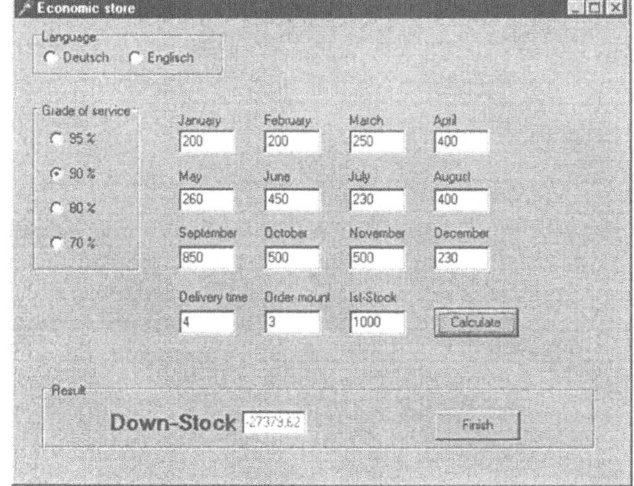

8.3 Offene Anwendung: Kalkulation

Diese Anwendung zeigt Ihnen auf, wie es unter Delphi möglich ist, über ein allgemeines Kalkulationsschema durch den Einsatz der Nachkalkulation die tatsächlich anfallenden Kosten zu ermitteln.

Dabei soll die Anwendung die Kostenabweichungen zwischen Vor- und Nachkalkulation ausweisen. Daraus soll der Anwender ersehen, ob die auftretenden Kosten höher ausfallen als die vorkalkulierten, da dieses wiederum den Gewinn mindern würde oder noch schlimmer, wenn es sogar Verluste brächte.

8.3.1 Die offene Anwendung

Die Anwendung steht Ihnen hier in der ersten Entwicklungsphase zur Verfügung.

Das heißt Sie haben einen sehr großen Spielraum Ihre eigenen Vorstellungen mit einzubauen.

Diese Anwendung zeigt das Beispiel der elementaren Applikation unter Delphi auf. Es wird das Hauptformular mit den Standardkomponenten dargestellt, die Codierung der Ereignisse wird aufgezeigt und die Datei Unit1.dfm wird vorgestellt.

Erstellung der Menüleiste

Erstellen Sie eine Menüleiste im Hauptformular unter Zuhilfenahme der Komponenten MainMenü, ActionList und ImageList.

Unter dem Menüpunkt Datei soll sich der Aufruf Beenden befinden und unter Bearbeiten die Funktionen Ausschneiden, Einfügen und Kopieren.

Fügen Sie dem Formular auch eine ToolBar-Komponente zur Aufnahme der Bearbeitungs-Icons hinzu.

Abbildung 8.9 zeigt das Ergebnis des Formulars und 8.10 zeigt die dazugehörige ActionList.

Sollten Sie Schwierigkeiten haben, das Menü und die ActionList zu erstellen, so sehen Sie unter Kapitel 7 Datenbankanwendungen nach. Die Vorgänge sind dort detailliert beschrieben.

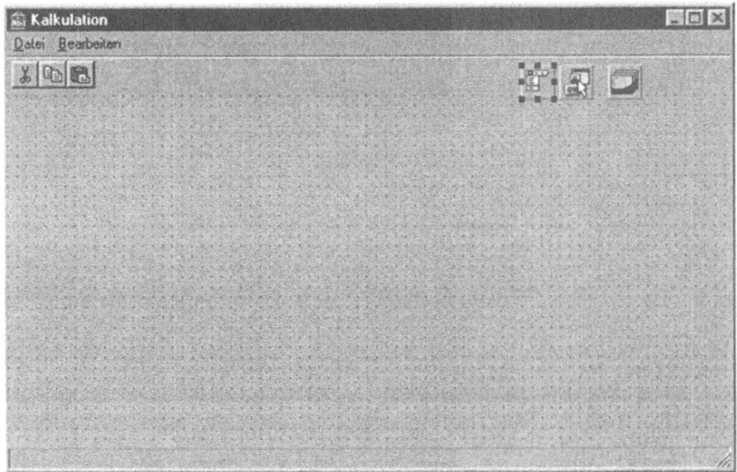

Abb.: 8.9. Das Menü

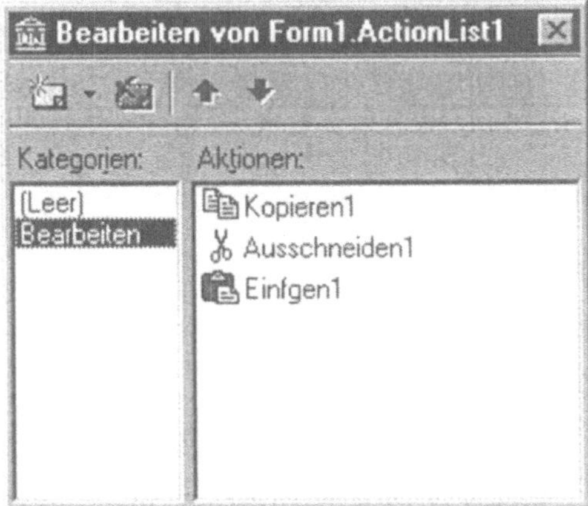

Abb.: 8.10. Die ActionList

8.3.2 Das Formular vervollständigen

Vervollständigen Sie jetzt das Hauptformular wie in Abbildung 8.11 aufgezeigt.

Sie benötigen dafür drei GroupBox-Komponenten, drei Label und zwölf Edit und ein Button sowie die StringGrid-Komponente zur Aufnahme der Daten.

Der Inhalt des Formulars befindet sich in der Datei Unit1.dfm. Die Formular-Datei kann über die Option Datei / Öffnen und als Eintrag den Dateiname Unit1.dfm geöffnet werden.

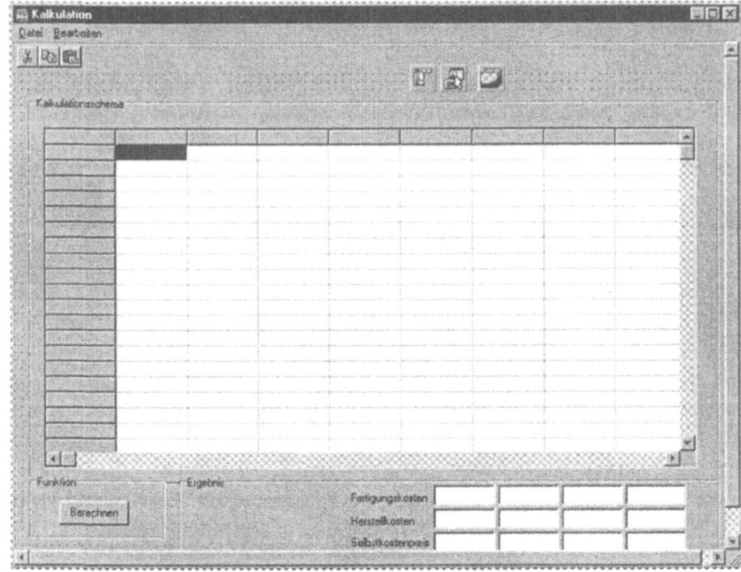

Abb. 8.11 Das Hauptformular

Die Datei hat nach der Fertigstellung des Formulars folgenden Aufbau:

```
object Form1: TForm1
  Left = 15
  Top = 0
  Width = 783
  Height = 445
  Caption = 'Kalkulation'
  Color = clBtnFace
  Font.Charset = DEFAULT_CHARSET
  Font.Color = clWindowText
  Font.Height = -11
  Font.Name = 'MS Sans Serif'
  Font.Style = []
  Menu = MainMenu1
  OldCreateOrder = False
  OnCreate = FormCreate
  PixelsPerInch = 96
  TextHeight = 13
  object StatusBar1: TStatusBar
    Left = 0
    Top = 537
    Width = 775
    Height = 19
    AutoHint = True
    Panels = <>
```

```
  SimplePanel = False
end
object ToolBar1: TToolBar
  Left = 0
  Top = 0
  Width = 775
  Height = 29
  Caption = 'ToolBar1'
  Images = ImageList1
  Indent = 4
  ParentShowHint = False
  ShowHint = True
  TabOrder = 1
  object ToolButton1: TToolButton
    Left = 4
    Top = 2
    Action = Ausschneiden1
  end
  object ToolButton2: TToolButton
    Left = 27
    Top = 2
    Action = Kopieren1
  end
  object ToolButton3: TToolButton
    Left = 50
    Top = 2
    Action = Einfgen1
  end
end
object GroupBox1: TGroupBox
  Left = 16
  Top = 56
  Width = 737
  Height = 401
  Caption = 'Kalkulationsschema'
  TabOrder = 2
  object StringGrid1: TStringGrid
    Left = 16
    Top = 32
    Width = 697
    Height = 353
    ColCount = 10
    DefaultColWidth = 75
    DefaultRowHeight = 15
    RowCount = 24
    TabOrder = 0
    OnKeyPress = StringGrid1KeyPress
    RowHeights = (
      15
```

```
        15
        15
        15
        15
        15
        15
        15
        15
        15
        15
        15
        15
        15
        15
        15
        15
        15
        15
        15
        15
        15
        15
        15)
    end
  end
  object GroupBox2: TGroupBox
    Left = 16
    Top = 448
    Width = 145
    Height = 65
    Caption = 'Funktion'
    TabOrder = 3
    object Button1: TButton
      Left = 32
      Top = 26
      Width = 75
      Height = 25
      Caption = 'Berechnen'
      TabOrder = 0
      OnClick = Button1Click
    end
  end
  object GroupBox3: TGroupBox
    Left = 176
    Top = 448
    Width = 577
    Height = 89
    Caption = 'Ergebnis'
    TabOrder = 4
```

```
object Label1: TLabel
  Left = 184
  Top = 16
  Width = 81
  Height = 13
  Caption = 'Fertigungskosten'
end
object Label2: TLabel
  Left = 184
  Top = 40
  Width = 67
  Height = 13
  Caption = 'Herstellkosten'
end
object Label3: TLabel
  Left = 184
  Top = 62
  Width = 83
  Height = 13
  Caption = 'Selbstkostenpreis'
end
object Edit1: TEdit
  Left = 272
  Top = 10
  Width = 65
  Height = 21
  Enabled = False
  TabOrder = 0
end
object Edit2: TEdit
  Left = 340
  Top = 10
  Width = 65
  Height = 21
  Enabled = False
  TabOrder = 1
end
object Edit3: TEdit
  Left = 408
  Top = 10
  Width = 65
  Height = 21
  Enabled = False
  TabOrder = 2
end
object Edit4: TEdit
  Left = 476
  Top = 10
  Width = 65
```

```
    Height = 21
    Enabled = False
    TabOrder = 3
  end
  object Edit5: TEdit
    Left = 272
    Top = 34
    Width = 65
    Height = 21
    Enabled = False
    TabOrder = 4
  end
  object Edit6: TEdit
    Left = 340
    Top = 34
    Width = 65
    Height = 21
    Enabled = False
    TabOrder = 5
  end
  object Edit7: TEdit
    Left = 408
    Top = 34
    Width = 65
    Height = 21
    Enabled = False
    TabOrder = 6
  end
  object Edit8: TEdit
    Left = 476
    Top = 34
    Width = 65
    Height = 21
    Enabled = False
    TabOrder = 7
  end
  object Edit9: TEdit
    Left = 272
    Top = 58
    Width = 65
    Height = 21
    Enabled = False
    TabOrder = 8
  end
  object Edit10: TEdit
    Left = 340
    Top = 58
    Width = 65
    Height = 21
```

```
        Enabled = False
        TabOrder = 9
      end
      object Edit11: TEdit
        Left = 408
        Top = 58
        Width = 65
        Height = 21
        Enabled = False
        TabOrder = 10
      end
      object Edit12: TEdit
        Left = 476
        Top = 58
        Width = 65
        Height = 21
        Enabled = False
        TabOrder = 11
      end
    end
    object ImageList1: TImageList
      Left = 496
      Top = 8
      Bitmap = {
```


```
3606000003000000424D36060000000000003600000000
28000000300000001000000001001000000000000006
00000000000000000000000000000000000000000000
00000000000000000000000000000000000000000000
00000000000000000000000000000000000000000000
00000000000000000000000000000000000000000000
00000000000000000000000000000000000000000000
00000000000000000000000000000000000000000000
00000000000000000000000000000000000000000000
00001000100000000000000000000000000000000000
00000000000000000000000000001000100010001000
10001000100010001000000000000000000000000000
00000000100010001000100010001000100010001000
00000000000000001000000000001000000000001000
10000000000000000000000000000000000000000000
1000FF7FFF7FFF7FFF7FFF7FFF7FFF7FFF7F10000000
0000000000000000000000001000FF7FFF7FFF7FFF7F
FF7FFF7FFF7F10000000000000000000100000000000
10000000100000000000100000000000000000001042
00421042004210421000FF7F00000000000000000000
0000FF7F100000000000000000000000000000001000
FF7F00000000000000000000FF7F1000000000000000
00001000000000000000100000001000000000001000000
000000000000004210420042104200421000FF7FFF7F
```

```
FF7FFF7FFF7FFF7FFF7FFF7F10000000000000000000
0000000000001000FF7FFF7FFF7FFF7FFF7FFF7FFF7F
10000000000000000000000010001000100000001000
00000000100000000000000000001042004210420042
10421000FF7F000000000000FF7F1000100010001000
00000000FF7FFF7FFF7FFF7FFF7F1000FF7F00000000
000000000000FF7F100000000000000000000000000
00001000000010001000100000000000000000000000
00421042004210420042100FF7FFF7FFF7FFF7FFF7F
1000FF7F1000000000000000FF7F0000000000000000
1000FF7FFF7FFF7FFF7FFF7FFF7FFF7F100000000000
00000000000000000000100000001000000000000000
000000000000000010420042104200421042 1000FF7F
FF7FFF7FFF7FFF7F10001000000000000000000FF7F
FF7FFF7FFF7FFF7F1000FF7F00000000FF7F10001000
10001000000000000000000000000000000000000000
00000000000000000000000000000000004210420042
10420042100010001000100010001000100000000000
000000000000FF7F00000000000000000000 1000FF7FFF7F
FF7FFF7F1000FF7F100000000000000000000000000
00000000000000000000000000000000000000000000
00001042004210420042104200421042004210420042
104200420000000000000000000FF7FFF7FFF7FFF7F
FF7F1000FF7FFF7FFF7FFF7F10001000000000000000
00000000000000000000000000000000000000000000
00000000000000000000004210420000000000000000
00000000000000001042104200000000000000000000
FF7F00000000FF7F000010001000100010001000 1000
00000000000000000000000000000000000000000000
00000000000000000000000000000000000010421042
00000000000000000000000000000000104200420000
0000000000000000FF7FFF7FFF7FFF7F0000FF7F0000
00000000000000000000000000000000000000000000
00000000000000000000000000000000000000000000
0000000042104200420000E07F00000000E07F000010
4200421042000000000000000000FF7FFF7FFF7FFF
7F000000000000000000000000000000000000000000
00000000000000000000000000000000000000000000
000000000000000000000000000000000000000000E0
7FE07F00000000000000000000000000000000000000
00000000000000000000000000000000000000000000
00000000000000000000000000000000000000000000
00000000000000000000000000000000000000000000
00000000000000000000000000000000000000000000
00000000000000000000000000000000000000000000
00000000000000000000000000000000000000000000
00000000000000000000000000000000000000000000
00000000000000000000000000000000000000000000
00000000000000000000000000424DBE000000000000
```

```
003E000000280000003000000010000000001000010000
0000008000000000000000000000000002000000000000
0000000000FFFFFF00FFFFFFFFFFFFAE81FFFFF9FFFC
008200FE00F6CF80000000FE00F6B700000200FE00F6
B7000020038000F8B700007E008000FE8F0001040080
00FE3F0003BE008000FF7F000306008001FE3F0003BE
008003FEBF0003E8028007FC9F0FC3F201807FFDDF00
03E80280FFFDDF8007F60181FFFDDFF87F0200FFFFFF
FFFFFFA000}

  end
  object ActionList1: TActionList
    Images = ImageList1
    Left = 456
    Top = 8
    object Kopieren1: TEditCopy
      Category = 'Bearbeiten'
      Caption = '&Kopieren'
      Hint = 'Kopieren'
      ImageIndex = 0
      ShortCut = 16451
    end
    object Ausschneiden1: TEditCut
      Category = 'Bearbeiten'
      Caption = '&Ausschneiden'
      Hint = 'Ausschneiden'
      ImageIndex = 1
      ShortCut = 16472
    end
    object Einfgen1: TEditPaste
      Category = 'Bearbeiten'
      Caption = '&Einfügen'
      Hint = 'Einfügen'
      ImageIndex = 2
      ShortCut = 16470
    end
  end
  object MainMenu1: TMainMenu
    Left = 424
    Top = 8
    object Datei1: TMenuItem
      Caption = '&Datei'
      object Beenden1: TMenuItem
        Caption = '&Beenden'
        OnClick = Beenden1Click
      end
    end
    object Bearbeiten1: TMenuItem
      Caption = '&Bearbeiten'
```

```
        object Ausschneiden2: TMenuItem
          Action = Ausschneiden1
        end
        object Einfgen2: TMenuItem
          Action = Einfgen1
        end
        object Kopieren2: TMenuItem
          Action = Kopieren1
        end
      end
    end
  end
```

Wie Sie an dieser ausführlichen Datei erkennen können, finden Sie hier alle individuellen Eigenschaften der verwendeten Objekte. Das ist für die Softwareentwicklung von großem Vorteil. Nehmen Sie diese Dateien immer in Ihre Dokumentation mit aus. Es ist ungemein hilfreich, wenn Sie bei Projekten über die Eigenschaften der Objekte so genau Bescheid wissen. Es erleichtet die Fehlersuche bei nicht den Wünschen entsprechenden Eigenschaften der angewendeten Objekte.

Sollte daher Ihre Lösung zu abweichenden Formular-Ergebnissen führen, vergleichen Sie bitte die entsprechenden Objekteigenschaften.

8.3.3 Programmstruktur

Das Programm wird durch den Programmkopf der Prozedur TForm1FormCreate eingeleitet.

Es folgt die Variablenvereinbarung, die Windows-Vollbild-Darstellung und es wird der Inhalt der StringGrid-Komponente festgelegt.

Der Programmcode hat folgendes Aussehen:

```
procedure TForm1.FormCreate(Sender: TOb-
ject);
var i, s : Integer;
begin
 WindowState := wsMaximized;

 // Inhalte des Gitters festlegen
 with StringGrid1 do
 begin
  ColWidths[0] :=15;
  ColWidths[1] :=130;
```

```
  ColWidths[2] :=75;
  ColWidths[3] :=65;
  ColWidths[4] :=75;
  ColWidths[5] :=45;
  ColWidths[6] :=67;
  ColWidths[7] :=67;
  ColWidths[8] :=67;
  ColWidths[9] :=67;
  Cells[1,0] := 'Position';
  Cells[2,0] := 'Zuschlag in %';
  Cells[3,0] := 'Kostenstelle';
  Cells[4,0] := 'Basis/Stunden';
  Cells[5,0] := 'Std-Satz';
  Cells[6,0] := 'Vorkalkulation';
  Cells[7,0] := 'Nachkalkulation';
  Cells[8,0] := 'Ab. Wert';
  Cells[9,0] := 'Ab. in Prozent';

  // Zeilennummern setzen
  for i:= 1 to RowCount-1 do Cells[0,i] :=
IntToStr(i);

  // Spalte Position fuellen
  s := 1;
  Cells[s,1] := 'Direktmaterial';
  Cells[s,2] := 'Lagermaterial';
  Cells[s,3] := 'Streckenmaterial';
  Cells[s,4] := 'Materialgemeinkosten D';
  Cells[s,5] := 'Materialgemeinkosten L';
  Cells[s,6] := 'Materialgemeinkosten S';
  Cells[s,7] := 'Wareneingangsrevision';
  Cells[s,8] := 'Fertigungslohn I';
  Cells[s,9] := 'Fertigungslohn II';
  Cells[s,10]:= 'Fertigungslohn III';
  Cells[s,11]:= 'Fertigungsgemeinkosten';
  Cells[s,12]:= 'Fertigungsgemeinkosten';
  Cells[s,13]:= 'Fertigungsgemeinkosten';
  Cells[s,14]:= 'Maschinen-Stunden';
  Cells[s,15]:= 'Maschinen-Stunden';
  Cells[s,16]:= 'Maschinen-Stunden';
  Cells[s,17]:= 'Sonstige Eigenleistung';
  Cells[s,18]:= 'Qualitätssicherung';
  Cells[s,19]:= 'Entwicklungsgemeinkosten';
  Cells[s,20]:= 'Verwaltungsgemeinkosten';
  Cells[s,21]:= 'Vertriebsgemeinkosten';
  Cells[s,22]:= 'Sondereinzelkosten';
  Cells[s,23]:= 'Gewinn';
```

```
  // Optionen festlegen
  Options
:=[goFixedVertLine,goFixedHorzLine, goHorz-
Line,
             goVertLi-
ne,goRowMoving,goColSizing,
             goEditing, goTabs]
 end
end;
```

Die Eigenschaft Options legt die speziellen Eigenschaften der StringGrid-Komponente zur Laufzeit fest.

Sie können alternativ diese Werte auch über den Objektinspektor zur Entwicklungszeit festlegen.

Berechnung durchführen

Unter der Prozedur TForm1.StringGrid1KeyPress verbergen sich die Variablen zur Berechnung der eingetragenen Werte.

Außerdem werden hier die Berechnungen der einzelnen Zellen durchgeführt:

```
procedure TForm1.StringGrid1KeyPress(Sender:
TObject; var Key: Char);
var code : Integer;
    VK, NK, AW, AP : real;
    ZS, BS, SS     : real;
begin
 with StringGrid1 do
 begin
 val(Cells[2,row],ZS,code);
 val(Cells[4,row],BS,code);
 val(Cells[5,row],SS,code);
 val(Cells[6,row],VK,code);
 val(Cells[7,row],NK,code);
 val(Cells[8,row],AW,code);
 val(Cells[9,row],AP,code);
 // Vorkalkulation errechnen
 if cells[2,row] ='' then
Cells[6,row]:=Floattostr(BS*SS)
 else

cells[6,row]:=FloatToStr(BS*SS*(ZS/100));
```

```
// Abweichung Wert errechnen
Cells[8,row]:=FloatToStr(VK-NK);

AW :=VK-NK;
end
end;


procedure TForm1.Button1Click(Sender: TOb-
ject);
var FL1, FL2,FL3 : real;
    FLG : real;
    code : Integer;
begin
// Berechnen der einzelnen Positionen
 with StringGrid1 do
 begin
 val(Cells[6,8],FL1,code);
 val(Cells[6,9],FL2,code);
 val(Cells[6,10],FL3,code);
  FLG :=FL1+FL2+FL3;
 end
end;
```

Die letzte Prozedur verbirgt sich hinter TForm1.Beenden1Click unter dem Menü Datei / Beenden des Formulars.

Tragen Sie hier nur das Befehlswort:

```
Close;
```

ein.

Wie Sie an dieser offenen Anwendung erkennen können, ist es mit Delphi auch möglich, spezielle Tabellenformen zu entwerfen.

Experimentieren Sie daher mit dieser Anwendung und erstellen Sie Ihre eigenen Kalkulationsschemen sowie vielleicht auch Angebotsvergleichstabellen oder vieles mehr.

Abbildung 8.12 zeigt Ihnen einige Beispielswerte für die Berechnung auf.

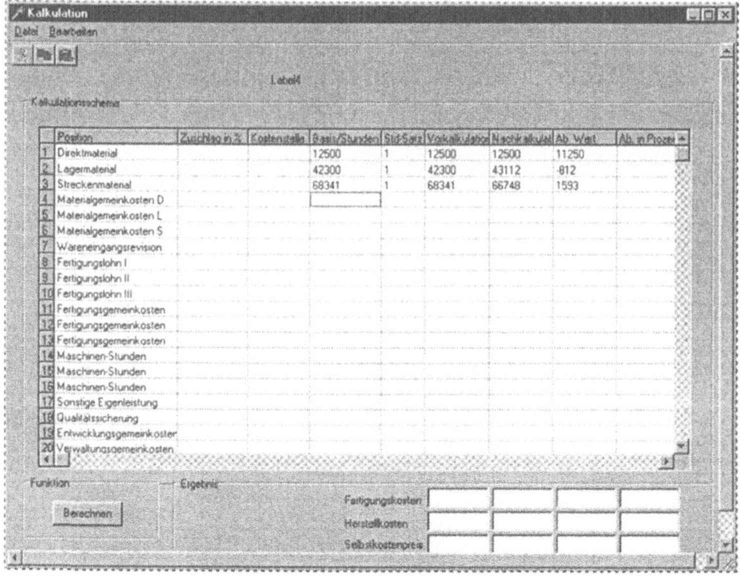

Abb. 8.12: Berechnung 1

8.4 Musteranwendung: Finanzplanung

Programmbeschreibung

Das vorliegende Modellbeispiel Finanzplanung ermöglicht dem Anwender, eine kurz- oder langfristige Finanzplanung vorzunehmen. Dabei kann die kurzfristige Finanzplanung halbjährlich, vierteljährlich, monatlich oder wöchentlich aufgestellt werden.

Das Modellbeispiel baut auf einer jährlichen Planung auf, hierfür werden Daten aus dem Vorjahr aus einer Datenbank mit dem Namen Vorjahr.db zur Verfügung gestellt.

8.4.1 Die Programmleistung

Die Daten des Vorjahrs werden als Basis verwendet. In der Planperiode werden die Ist-Beträge den Plan-Beträgen gegenübergestellt. Außerdem wird die Abweichnung in DM errechnet.

Überdeckung/Unterdeckung

Von den angegebenen Einnahmen des Betriebes werden die Ausgaben abgezogen; daraus ergibt sich eine Unterdeckung, sprich ein Geldüberschuss, oder im umgekehrten Fall eine Unterdeckung, sprich ein Geldbedarf.

Des weiteren werden die Bestände an liquiden Mitteln, Kasse, Bank und Wechsel zusammengezählt.

Die Summe aus Über- bzw. Unterdeckung und liquiden Mitteln ergibt die Finanzreserve (+) oder den entsprechenden Finanzbedarf (-).

Neben der allgemeinen Finanzplanung soll das Modellbeispiel auch eine entscheidungsorientierte Kostenrechnung zur Verfügung stellen.

8.4.2 Die Anwendung

Die oben beschriebene entscheidungsorientierte Kostenrechnung wird auch als Deckungsbeitragsrechnung bezeichnet.

Die Deckungsbeitragsrechnung ist eine Teilkostenrechnung. Sie verzichtet auf die Verteilung nicht direkt zurechenbarer Kosten. Der Deckungsbeitrag trägt zur Deckung -daher der Name- der indirekten Kosten bei.

Der über die Kosten hinausgehende Deckungsbeitrag ist der Gewinn. In diesem Modellbeispiel wird der Deckungsbeitrag für einige Verkaufsbezirke ermittelt.

8.4.3 Erstellung der Formulare

Sie benötigen für das Modellbeispiel drei Formulare. Das erste Formular übernimmt die Steuerung und besitzt eine Überschrift, eine entsprechende Formularbezeichnung und drei Schaltflächen vom Komponententyp Button, mit der jeweiligen Beschriftung Finanzpaln, Deckungsbeitrag 1 und Beenden.

Erstellen Sie daher ein Formular ähnlich wie in Abbildung 8.13.

Abb.: 8.13. Steuerung

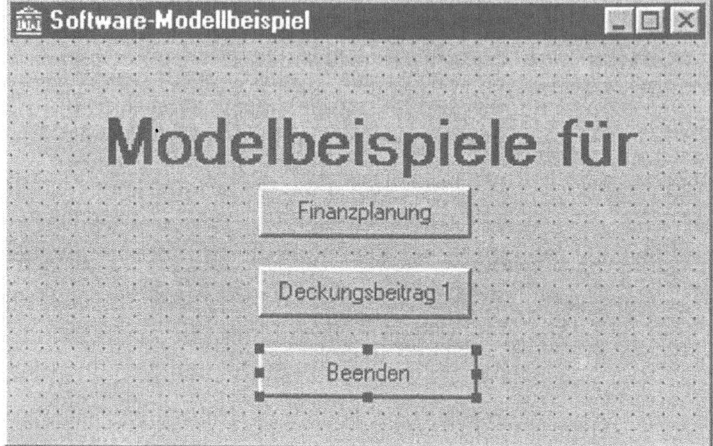

- Für die Eigenschaften Height wurde 226 und für Width 366 vorgegeben.
- Fügen Sie der Anwendung noch zwei weitere Formulare hinzu.

Ist dies geschehen, können Sie für die Ereignisprozeduren der Schaltflächen von Formular eins folgenden Quellcode hinterlegen.

```
unit Unit1;

interface

uses
  Windows, Messages, SysUtils, Classes,
Graphics, Controls, Forms, Dialogs,
  StdCtrls;
```

```
type
  TForm1 = class(TForm)
    Label1: TLabel;
    Button1: TButton;
    Button2: TButton;
    Button3: TButton;
    procedure Button1Click(Sender: TObject);
    procedure Button3Click(Sender: TObject);
    procedure Button2Click(Sender: TObject);
  private
    { Private-Deklarationen}
  public
    { Public-Deklarationen}
  end;

var
  Form1: TForm1;

implementation

uses Unit2, Unit3;

{$R *.DFM}

procedure TForm1.Button1Click(Sender: TOb-
ject);
begin
 Form2.Show
end;

procedure TForm1.Button3Click(Sender: TOb-
ject);
begin
 Close;
end;

procedure TForm1.Button2Click(Sender: TOb-
ject);
begin
 Form3.Show;
end;

end.
```

Vergessen Sie aber nicht unter Uses die Unit 2 und Unit 3 einzubinden. Beziehungsweise nutzen Sie das automatische Hinzufügen von Delphi.

Wie Sie aus dem Code ersehen können, werden hier die Formulare über die Methode Show aufgerufen. Close schließt die Anwendung.

8.4.4 Das Formular Finanzplanung

Das Formular Finanzplanung ist etwas umfangreicher, die hier verwendeten Bezeichnungen werden aus einer Datenbank mit dem Namen Finp.db übernommen.

Verwenden Sie daher die Komponente DBTextDaus der Datensteuerung, auch die Vorjahreswerte werden aus einer Datenbank entnommen.

Sie benötigen daher auch noch zwei Table- und zwei DataSource-Komponenten aus der Datenzugriffs-Seite. Die Datenfelder können der Reihe nach übernommen werden. Sie beginnen in Feld A und enden bei Feld X.

Sollten Sie Schwierigkeiten bei der Verbindung und dem Einfügen der Datenbank-Komponenten haben, lesen Sie bitte im Kapitel 7 nach.

Erstellen Sie daher das Formular wie in Abbildung 8.14 aufgezeigt.

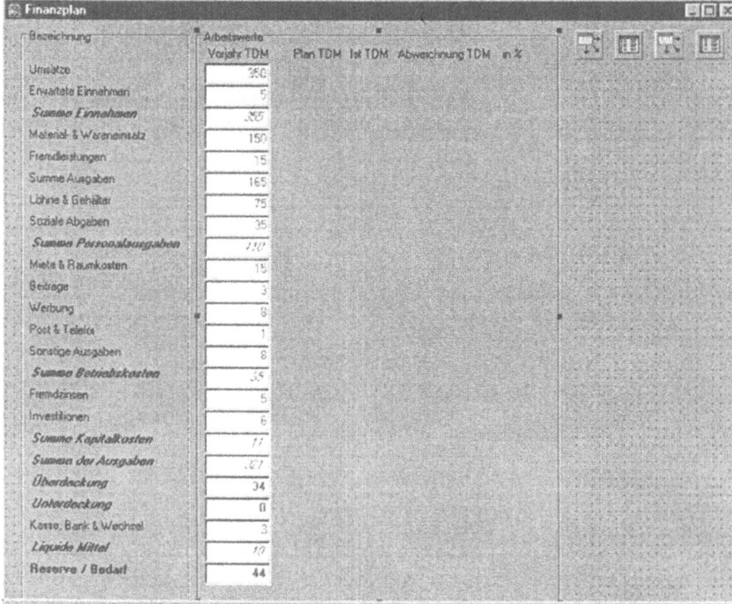

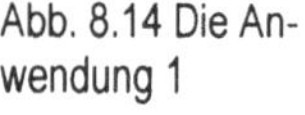
Abb. 8.14 Die Anwendung 1

- Für die Textfelder der Angaben Plan TDM, Ist TDM und Abweichung TDM benutzen Sie bitte die Edit-Komponente aus der Standard-Seite und löschen Sie den Inhalt der Eigenschaft Text.
- Alternativ sollten Sie bei den DBEdit-Feldern die Eigenschaft Enabled auf False setzen, damit diese nicht versehentlich überschrieben werden.

Abbildung 8.15 und 8.16 zeigen den Aufbau des Formulars.

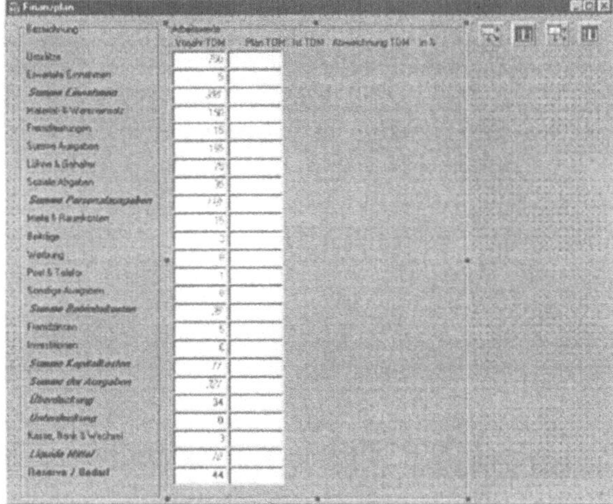

Abb. 8.15 Die Anwendung 2

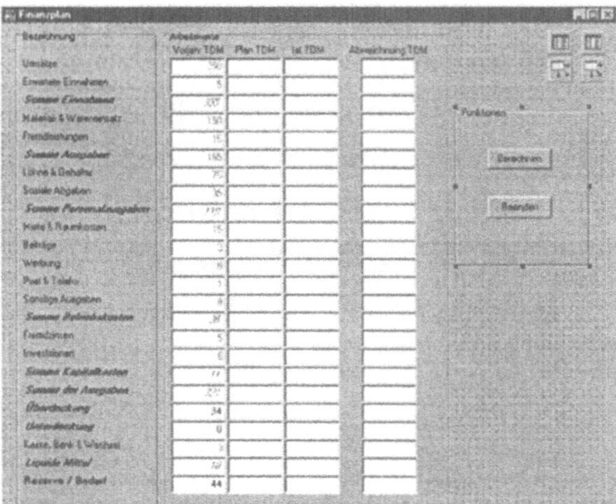

Abb. 8.16 Die Anwendung 3

Nachdem Sie das Formular aufgebaut haben, können Sie damit beginnen, den Programmcode zu implementieren.

- Als erstes soll das Formular, sobald es dargestellt wird, auf Vollbild schalten.
- Fügen Sie daher für die Prozedur TForm2.FormCreate folgenden Quellcode in die Unit 2 ein.

```
procedure TForm2.FormCreate(Sender: TOb-
ject);
begin
 WindowState := wsMaximized;
end;
```

- Die Prozedur für die Schaltfläche Button2, Bezeichnung Beenden, besteht einfach wieder aus dem Befehlswort Close.

```
procedure TForm2.Button2Click(Sender: TOb-
ject);
begin
 Close;
end;
```

Zum Berechnen der Anwendung benutzen Sie die Prozedur TForm2.Button1Click. Hier benötigen Sie folgende Variablen vom Typ Real zur Darstellung von Fließkommazahlen und weiterhin ein Array zur Aufnahme der Abweichungswerte.

Variablenliste

In der Anwendung werden folgende Variablen benötigt:

- SE1 => Summe der Einnahmen
- SA1 => Summe der Ausgaben
- SP1 => Summe Personalausgaben
- SB1 => Summe der Betriebskosten
- SK1 => Summe der Kapitalkosten

Die Angabe eins steht für die erste Spalte, die Varaiblen mit der Angabe SE2, SA2 usw. beziehen sich auf die zweite Spalte.

Des weiteren benötigen Sie die weiteren Variablen:

- SDA1 => Summe der gesamten Ausgaben
- UBD1 => Deckungsbeitrag (Über- bzw. Unterdeckung)

- LM1 => Liquide Mittel

Auch hier bezeichnet die Ziffer die Spalte.

Die Auswertung der Plan-Summen und Ist-Summen geschieht nach einem einheitlichen Berechnungsschema des Formulars.

- Ergänzen Sie daher die Anwendung um den nachfolgenden Quellcode für die entsprechende Prozedur.

```
procedure TForm2.Button1Click(Sender: TOb-
ject);
var Ergebnis1, Ergebnis2     : real;
    SE1, SA1, SP1, SB1, SK1 : real;
    SE2, SA2, SP2, SB2, SK2 : real;
    SDA1, UBD1, LM1    : real;
    SDA2, UBD2, LM2    : real;
    AB : Array[0..18] of real;
begin
    // Auswertung Plan TDM Summen berechnen
    SE1
:=StrToFloat(Edit1.Text)+StrToFloat(Edit2.Te
xt);
    Edit3.Text :=Format('%.2f',[SE1]);

    SA1
:=StrToFloat(Edit4.Text)+StrToFloat(Edit5.Te
xt);
    Edit6.Text :=Format('%.2f',[SA1]);

    SP1
:=StrToFloat(Edit7.Text)+StrToFloat(Edit8.Te
xt);
    Edit9.Text :=Format('%.2f',[SP1]);

    SB1
:=StrToFloat(Edit10.Text)+StrToFloat(Edit11.
Text)+

StrToFloat(Edit12.Text)+StrToFloat(Edit13.Te
xt)+
          StrToFloat(Edit14.Text);
    Edit15.Text :=Format('%.2f',[SB1]);

    SK1
:=StrToFloat(Edit16.Text)+StrToFloat(Edit17.
Text);
    Edit18.Text :=Format('%.2f',[SK1]);
```

```
    SDA1 :=SA1+SP1+SB1+SK1;
    Edit19.Text :=Format('%.2f',[SDA1]);

    UBD1 := SE1-SDA1;

    If UBD1 <= 0 Then Edit20.Text :='0'
     else
       Edit20.Text := Format('%.2f',[UBD1]);

    If UBD1 <= 0 Then Edit21.Text := For-
mat('%.2f',[UBD1*-1])
     else
       Edit21.Text := '0';

    LM1 :=StrToFloat(Edit22.Text);
    Edit23.Text :=Format('%.2f',[LM1]);

    Ergebnis1 := UBD1+LM1;

    Edit24.Text := For-
mat('%.2f',[Ergebnis1]);


    // Auswertung IST TDM Summen berechnen
    SE2
:=StrToFloat(Edit25.Text)+StrToFloat(Edit26.
Text);
    Edit27.Text :=Format('%.2f',[SE2]);

    SA2
:=StrToFloat(Edit28.Text)+StrToFloat(Edit29.
Text);
    Edit30.Text :=Format('%.2f',[SA2]);

    SP2
:=StrToFloat(Edit31.Text)+StrToFloat(Edit32.
Text);
    Edit33.Text :=Format('%.2f',[SP2]);

    SB2
:=StrToFloat(Edit34.Text)+StrToFloat(Edit35.
Text)+

StrToFloat(Edit36.Text)+StrToFloat(Edit37.Te
xt)+
          StrToFloat(Edit38.Text);
    Edit39.Text :=Format('%.2f',[SB2]);
```

```
    SK2
:=StrToFloat(Edit40.Text)+StrToFloat(Edit41.
Text);
    Edit42.Text :=Format('%.2f',[SK2]);

    SDA2 :=SA2+SP2+SB2+SK2;
    Edit43.Text :=Format('%.2f',[SDA2]);

    UBD2 := SE2-SDA2;

    If UBD2 <= 0 Then Edit44.Text :='0'
     else
       Edit44.Text := Format('%.2f',[UBD2]);

    If UBD2 <= 0 Then Edit45.Text := For-
mat('%.2f',[UBD2*-1])
     else
       Edit45.Text := '0';

    LM2 :=StrToFloat(Edit46.Text);
    Edit47.Text :=Format('%.2f',[LM2]);

    Ergebnis2 := UBD2+LM2;

    Edit48.Text := For-
mat('%.2f',[Ergebnis2]);

    // Abweichung berechnen
    AB[0]:= StrToFloat(Edit25.Text)-
StrToFloat(Edit1.Text);
    AB[1]:= StrToFloat(Edit26.Text)-
StrToFloat(Edit2.Text);
    AB[2]:= StrToFloat(Edit27.Text)-
StrToFloat(Edit3.Text);
    AB[3]:= StrToFloat(Edit28.Text)-
StrToFloat(Edit4.Text);
    AB[4]:= StrToFloat(Edit29.Text)-
StrToFloat(Edit5.Text);
    AB[5]:= StrToFloat(Edit30.Text)-
StrToFloat(Edit6.Text);
    AB[6]:= StrToFloat(Edit31.Text)-
StrToFloat(Edit7.Text);
    AB[7]:= StrToFloat(Edit32.Text)-
StrToFloat(Edit8.Text);
    AB[8]:= StrToFloat(Edit33.Text)-
StrToFloat(Edit9.Text);
    AB[9]:= StrToFloat(Edit34.Text)-
StrToFloat(Edit10.Text);
```

```
    AB[10]:= StrToFloat(Edit35.Text)-
StrToFloat(Edit11.Text);
    AB[11]:= StrToFloat(Edit36.Text)-
StrToFloat(Edit12.Text);
    AB[12]:= StrToFloat(Edit37.Text)-
StrToFloat(Edit13.Text);
    AB[13]:= StrToFloat(Edit38.Text)-
StrToFloat(Edit14.Text);
    AB[14]:= StrToFloat(Edit39.Text)-
StrToFloat(Edit15.Text);
    AB[15]:= StrToFloat(Edit40.Text)-
StrToFloat(Edit16.Text);
    AB[16]:= StrToFloat(Edit41.Text)-
StrToFloat(Edit17.Text);
    AB[17]:= StrToFloat(Edit42.Text)-
StrToFloat(Edit18.Text);
    AB[18]:= StrToFloat(Edit43.Text)-
StrToFloat(Edit19.Text);

    // Ausgabe im Editfeld
    Edit49.Text :=Format('%.2f',[AB[0]]);
    Edit50.Text :=Format('%.2f',[AB[1]]);
    Edit51.Text :=Format('%.2f',[AB[2]]);
    Edit52.Text :=Format('%.2f',[AB[3]]);
    Edit53.Text :=Format('%.2f',[AB[4]]);
    Edit54.Text :=Format('%.2f',[AB[5]]);
    Edit55.Text :=Format('%.2f',[AB[6]]);
    Edit56.Text :=Format('%.2f',[AB[7]]);
    Edit57.Text :=Format('%.2f',[AB[8]]);
    Edit58.Text :=Format('%.2f',[AB[9]]);
    Edit59.Text :=Format('%.2f',[AB[10]]);
    Edit60.Text :=Format('%.2f',[AB[11]]);
    Edit61.Text :=Format('%.2f',[AB[12]]);
    Edit62.Text :=Format('%.2f',[AB[13]]);
    Edit63.Text :=Format('%.2f',[AB[14]]);
    Edit64.Text :=Format('%.2f',[AB[15]]);
    Edit65.Text :=Format('%.2f',[AB[16]]);
    Edit66.Text :=Format('%.2f',[AB[17]]);
    Edit67.Text :=Format('%.2f',[AB[18]]);

end;
```

Abbildung 8.17 zeigt Ihnen die fertige Anwendung Finanzplan mit entsprechenden Beispieldaten.

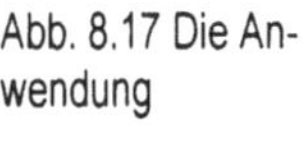

Abb. 8.17 Die Anwendung

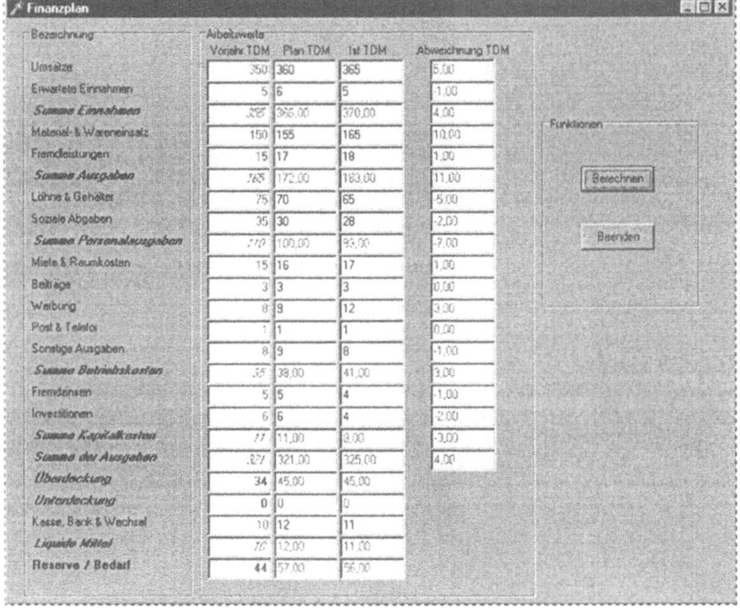

8.4.5 Das Formular Verkaufsbezirke und Verkaufsgebiet

Für diese Anwendung benötigen Sie das dritte Formular. Zum einen für die Aufnahme der Verkaufsbezirke und als weiteres das Verkaufsgebiet. Abbildung 8.18 zeigt das Formular für den Verkaufsbezirk.

Abb. 8.18. Verkaufsbezirk

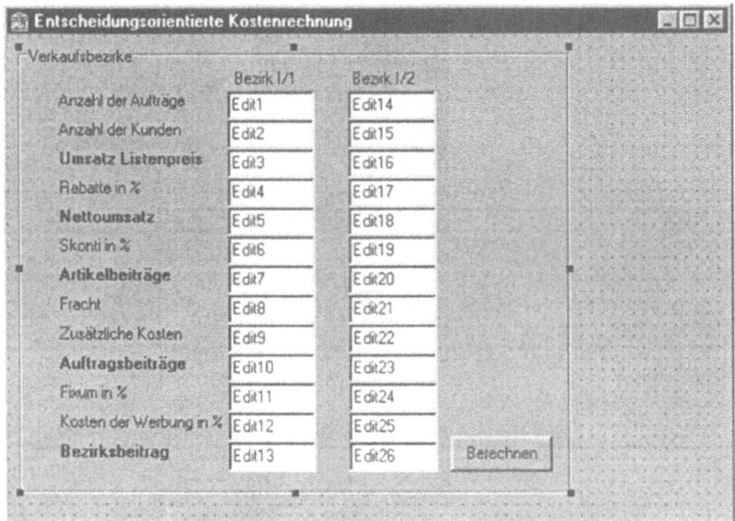

Wie Sie ersehen können, benötigen Sie hier 26 Edit-Komponenten, diverse Label und eine Button-Komponente.

- Löschen Sie den Inhalt der Eigenschaft Text bei der Edit-Komponente.
- Für die weiteren Eingaben erweitern Sie das Formular wie in Abbildung 8.19 dargestellt.

Abb. 8.19. Erweiterung

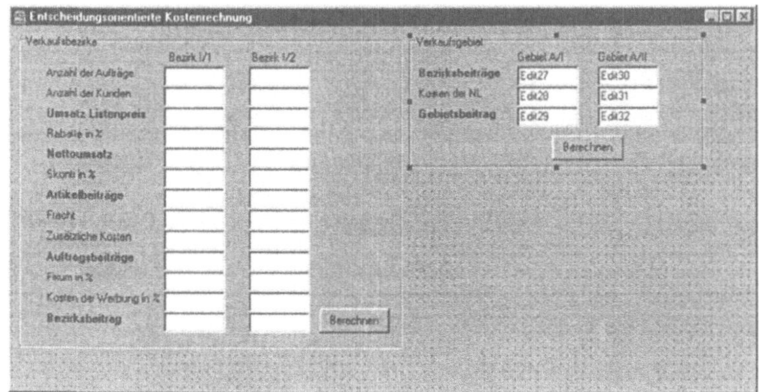

Zuguterletzt ermitteln Sie noch die Werte der Verkaufsabteilung. Fügen Sie daher noch die weiteren Komponenten aus Abbildung 8.20 hinzu.

Abb. 8.20. Die Anwendung

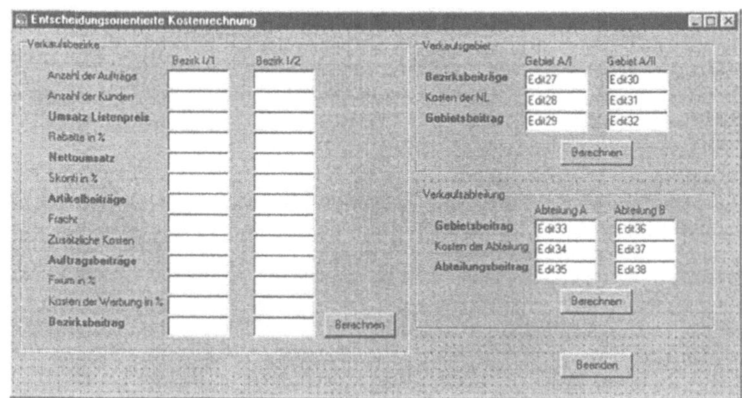

Damit ist das Formular für die entscheidungsorientierte Kostenrechnung fertig.

8.4.6 Programmcode implementieren

Fügen Sie der Anwendung nun unter den entsprechenden Prozeduren den nachfolgenden Quellcode für die einzelnen Berechnungen hinzu.

```
private
    { Private-Deklarationen}
  public
     BE1, BE2 : real;
     GB1, GB2 : real;
     AB1, AB2 : real;
    { Public-Deklarationen}
  end;

var
  Form3: TForm3;

implementation

{$R *.DFM}


procedure TForm3.Button1Click(Sender: TOb-
ject);
var NU1, AR1, AU1 : real;
    NU2, AR2, AU2 : real;
begin
 // Nettoumsatz Bezirk I/1 berechnen

   NU1:=StrToFloat(Edit3.Text)-
((StrToFloat(Edit4.Text)*
        StrToFloat(Edit3.Text)/100));

   Edit5.Text := Format('%.1f',[NU1]);

 // Artikelbeiträge Bezirk I/1 berechnen

   AR1:=StrToFloat(Edit5.Text)-
((StrToFloat(Edit6.Text)*
        StrToFloat(Edit5.Text)/100));

   Edit7.Text := Format('%.1f',[AR1]);

 // Auftragsbeiträge Bezirk I/1 berechnen

   AU1:=StrToFloat(Edit7.Text)-
StrToFloat(Edit8.Text)-
          StrToFloat(Edit9.Text);
```

```
    Edit10.Text := Format('%.1f',[AU1]);

  // Bezirksbeitrag Bezirk I/1 berechnen

    BE1:=StrToFloat(Edit10.Text)-
((StrToFloat(Edit11.Text)*
         StrToFloat(Edit10.Text)/100))-
((StrToFloat(Edit12.Text)*
         StrToFloat(Edit10.Text)/100));

    Edit13.Text := Format('%.1f',[BE1]);
    Edit27.Text := Format('%.1f',[BE1]);

// Berechnung für Bezirk 2

    NU2:=StrToFloat(Edit16.Text)-
((StrToFloat(Edit17.Text)*
         StrToFloat(Edit16.Text)/100));

    Edit18.Text := Format('%.1f',[NU2]);


    AR2:=StrToFloat(Edit18.Text)-
((StrToFloat(Edit19.Text)*
         StrToFloat(Edit18.Text)/100));

    Edit20.Text := Format('%.1f',[AR2]);

    AU2:=StrToFloat(Edit20.Text)-
StrToFloat(Edit21.Text)-
           StrToFloat(Edit22.Text);

    Edit23.Text := Format('%.1f',[AU2]);

    BE2:=StrToFloat(Edit23.Text)-
((StrToFloat(Edit24.Text)*
         StrToFloat(Edit23.Text)/100))-
((StrToFloat(Edit25.Text)*
         StrToFloat(Edit23.Text)/100));

    Edit26.Text := Format('%.1f',[BE2]);
    Edit30.Text := Format('%.1f',[BE2]);


end;
```

```
procedure TForm3.Button4Click(Sender: TOb-
ject);
begin
 Close;
end;

procedure TForm3.Button2Click(Sender: TOb-
ject);
begin
 // Berechnung Gebietsbeitrag

 GB1 := BE1-StrToFloat(Edit28.Text);
 GB2 := BE2-StrToFloat(Edit31.Text);

 Edit29.Text := Format('%.1f',[GB1]);
 Edit32.Text := Format('%.1f',[GB2]);

 Edit33.Text := Format('%.1f',[GB1]);
 Edit36.Text := Format('%.1f',[GB2]);

end;

procedure TForm3.Button3Click(Sender: TOb-
ject);
begin
 // Abteilungbeitrag berechnen

 AB1 := GB1-StrToFloat(Edit34.Text);
 AB2 := GB2-StrToFloat(Edit37.Text);

 Edit35.Text := Format('%.1f',[AB1]);
 Edit38.Text := Format('%.1f',[AB2]);
end;
```

Abbildung 8.21 zeigt die fertige Anwendung mit einigen Testdaten. Auch an diesem Beispiel können Sie ersehen, wie einfach es ist, in Delphi Kostenrechnungen zu realisieren. Sie können die Formulare außerdem nach Belieben erweitern.

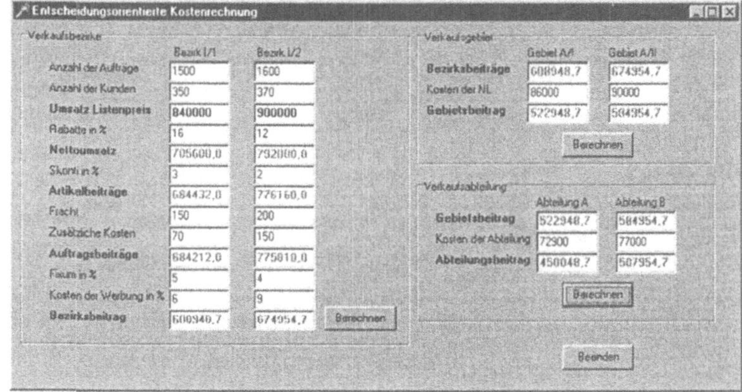

Abb. 8.21. Die Anwendung

Sie finden die Anwenung auch unter Kapitel 8-4 auf der Buchdiskette.

8.5 Informationssysteme aufbauen

Dieser Abschnitt von Kapitel 8 beschäftigt sich mit dem Aufbau eines Informationssystems.

Bedenken Sie, dass bei einem solchen System die Darstellung und Verfügbarkeit von Informationen im Vordergrund stehen.

Das Ziel ist dabei ein einfach zu bedienendes System, das durch die Anbindung einer Datenbank aktuelle Informationen bietet.

Informationssysteme einsetzen heißt also, Daten nutzbar machen.

8.5.1 Die Anwendung

Die Anwendung soll folgende Programmfunktionen beeinhalten:

- Verkaufsanalyse
- Diagramm-Assistent
- Berichts-Assistent
- Personaldaten
- Beenden

Des weiteren sollen Zusatzprogramme wie

- Editor
- Taschenrechner
- Windows-Explorer

aufgerufen werden können.

Außerdem soll es möglich sein, die Systemprogramme

- ODBC 32
- Software
- Netzwerk

aufzurufen. Aber auch die Nutzung Ihres

- Browsers

und eines entsprechenden

- eMail

Systems soll möglich sein.

Sie benötigen für diese Anwendung sieben Formulare. Erstellen Sie das Hauptformular für die Steuerung der Anwendung so ähnlich wie in Abbildung 8.22 aufgezeigt.

Abb.: 8.22. Das Steuer-Formular

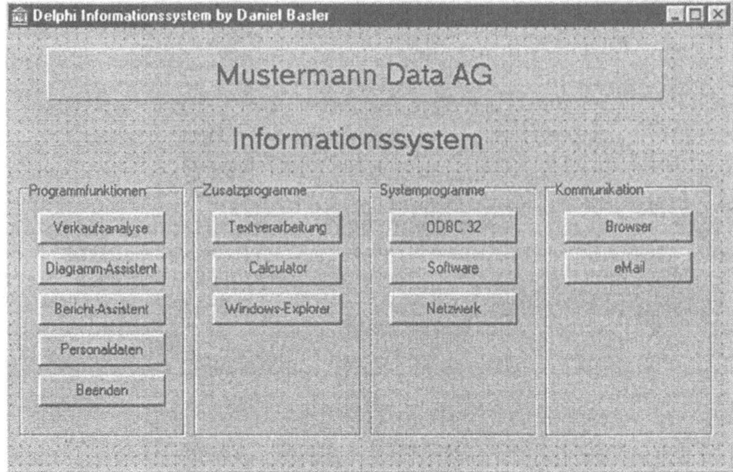

Nachdem Sie das Hauptformular erstellt haben, implementieren Sie den folgenden Programmcode für die Unit1.

```
unit Unit1;

interface

uses
  Windows, Messages, SysUtils, Classes,
Graphics, Controls, Forms, Dialogs,
  StdCtrls, ExtCtrls;

type
  TForm1 = class(TForm)
    Panel1: TPanel;
    GroupBox1: TGroupBox;
    GroupBox2: TGroupBox;
    GroupBox3: TGroupBox;
    GroupBox4: TGroupBox;
    Button1: TButton;
    Button2: TButton;
    Label1: TLabel;
    Button3: TButton;
    Button4: TButton;
    Button5: TButton;
```

```
    Button6: TButton;
    Button7: TButton;
    Button8: TButton;
    Button9: TButton;
    Button10: TButton;
    Button11: TButton;
    Button12: TButton;
    Button13: TButton;
    procedure Button5Click(Sender: TObject);
    procedure Button6Click(Sender: TObject);
    procedure Ausfuehren(Sender: TObject);
    procedure SysAusfuehren(Sender: TOb-
ject);
    procedure Button7Click(Sender: TObject);
    procedure Button8Click(Sender: TObject);
    procedure Button12Click(Sender: TOb-
ject);
    procedure Button13Click(Sender: TOb-
ject);
    procedure Button9Click(Sender: TObject);
    procedure Button10Click(Sender: TOb-
ject);
    procedure Button11Click(Sender: TOb-
ject);
    procedure Button1Click(Sender: TObject);
    procedure Button2Click(Sender: TObject);
    procedure Button3Click(Sender: TObject);
    procedure Button4Click(Sender: TObject);
  private
    { Private-Deklarationen}
  public
     Progaus     : String;
     Verzeichnis : String;
     SysName     : String;
    { Public-Deklarationen}
  end;

var
  Form1: TForm1;

implementation

uses Unit2, Unit4, Unit5, Unit7;

{$R *.DFM}
```

```
procedure TForm1.Button5Click(Sender: TOb-
ject);
begin
 Close;
end;
procedure TForm1.Button6Click(Sender: TOb-
ject);
begin
 Progaus :='Notepad.exe';
 Verzeichnis :='C:\Windows\';
 Ausfuehren(Sender);
end;
procedure TForm1.Ausfuehren(Sender: TOb-
ject);
var Start: TStartupInfo;
    Process: TProcessInformation;

begin
  FillChar(Start, SizeOf(TStartupInfo), 0);
  Start.cb := Sizeof(TStartupInfo);
  Create-
Process(nil,PChar(Progaus),nil,nil,False,
                    NOR-
MAL_PRIORITY_CLASS,nil,

PChar(Verzeichnis),Start,Process);
end;
procedure TForm1.Button7Click(Sender: TOb-
ject);
begin
 Progaus :='Calc.exe';
 Verzeichnis :='C:\Windows\';
 Ausfuehren(Sender);
end;

procedure TForm1.Button8Click(Sender: TOb-
ject);
begin
 Progaus :='Explorer.exe';
 Verzeichnis :='C:\Windows\';
 Ausfuehren(Sender);
end;

procedure TForm1.Button12Click(Sender: TOb-
ject);
begin
 // Programmaufruf für Ihren Lieblings-
Browser...
```

```
 Showmessage('Noch keine Funktion vorhan-
den');
end;

procedure TForm1.Button13Click(Sender: TOb-
ject);
begin
  // Programmaufruf für Ihr eMail System....
  Showmessage('Noch keine Funktion vorhan-
den');
end;
procedure TForm1.SysAusfuehren(Sender: TOb-
ject);
begin
 Winexec(PChar('Rundll32.exe Shell32.dll,'
         +'Control_RunDLL '+SysName),
         SW_ShowNormal);
end;
procedure TForm1.Button9Click(Sender: TOb-
ject);
begin
 SysName :='Odbccp32.cpl';
 SysAusfuehren(Sender);
end;

procedure TForm1.Button10Click(Sender: TOb-
ject);
begin
 SysName :='Appwiz.cpl';
 SysAusfuehren(Sender);
end;

procedure TForm1.Button11Click(Sender: TOb-
ject);
begin
 SysName :='Netcpl.cpl';
 SysAusfuehren(Sender);
end;

procedure TForm1.Button1Click(Sender: TOb-
ject);
begin
 Form2.Show;
end;
```

```
procedure TForm1.Button2Click(Sender: TOb-
ject);
begin
 Form4.Show;
end;

procedure TForm1.Button3Click(Sender: TOb-
ject);
begin
 Form5.Show;
end;

procedure TForm1.Button4Click(Sender: TOb-
ject);
begin
 Form7.Show;
end;

end.
```

Wie Sie an diesem Programmcode erkennen können, wird hier zum Aufruf der externen Programme auf die Systemprogrammierung zurückgegriffen.

8.5.2 Systemprogrammierung

Wie Sie bisher gesehen haben, bietet Ihnen Delphi eine Vielzahl von Möglichkeiten Anwendungen zu entwickeln. Dabei brauchen sie sich als Programmierer unter Delphi nicht um die Eigenheiten von Windows zu kümmern.

Das heißt Sie können ohne großen Aufwand Menüs, Dialogfelder und Eingabemasken mit wenigen Programmzeilen erstellen oder diese mit der Maus errichten, wie zum Beispiel das eingesetzte Formular-Objekt.

Allerdings stellt sich damit ein Problem dar: Wenn Sie Delphi richtig beherrschen, und Ihre Anwendungen immer komplexer und leistungsfähiger werden, kann es vorkommen, dass die Sprachelemente von Objekt-Pascal nicht mehr ausreichen, das Problem der Anwendung zu lösen.
Daher erlaubt es Ihnen Delphi auch Prozeduren zu benutzen, die nicht speziell für Pascal entwickelt wurden, ohne dabei aber die gewohnte Arbeitsumgebung von Delphi verlassen zu müssen.

Diese Routinen nennen sich API-Funktionen und bieten Ihnen als Anwendungsprogrammierer den Zugriff auf die Systemebene von Windows 95, 98 und NT.

Hierbei zeigt dieser Abschnitt aber nur einen kleinen Ausblick auf die Möglichkeiten von API-Funktionen. Tiefgehendere Informationen über Dynamic Link Library (DDLs) finden Sie in den entsprechenden Fachbüchern oder einschlägigen Fachzeitschriften.

8.5.3 Windows-API

Dabei ist API die Abkürzung für Application Programmierung Interface. Darunter werden alle Funktionen zusammengefasst, die Windows als grafische Benutzeroberfläche darstellen. Das heißt Sie finden unter Windows API-FUNKTIONEN zur Manipulation der entsprechenden Benutzeroberfläche, wie auch dem Speichermanagement; außerdem versetzt es Sie in die Lage, portable Multi-Media-Applikationen zu erzeugen.

Sie müssen daher darauf achten, dass das gesamte Verhalten einer Windows - Applikation sehr strengen Regeln unterworfen ist. So gilt es zu beachten, dass kein Programm irgendwelche Systemressourcen längere Zeit für sich allein beansprucht. Denn Windows - Applikationen selbst geben dem System Gelegenheit auf gemeinsam genutzte Ressourcen wie Prozessorzeit oder Speicher zuzugreifen.

Somit könnte Ihre Anwendung andere Programme an der Ausführung hindern, in dem Sie zum Beispiel die Gelegenheit zur Übergabe der Ausführungskontrolle unterlässt.

Sie finden daher unter API zahlreiche Funktionen zur Manipulation von Standardsteuerelementen und Dialogen. Dabei sind die Windows 3.1-Funktionen aus Gründen der Abwärtskompatibilität weiterhin verfügbar.

Leider besitzen die API-Funktionen keine sehr ansprechenden Bezeichnungen, sie heißen zum Beipspiel CommDlgExtendedError oder Hdn_DividerDblClick; ihre Schreibweise muss bei der Verwendung außerdem genau sein (groß und klein Schreibung beachten), da es im schlimmsten Fall sonst zu einem Systemabsturz kommen kann.

In der Musteranwendung werden die Funktionen WinExec und CreateProcess vorgestellt.

8.5.4 Die Funktion WinExec

Die Funktion WinExec steht schon seit Einführung von Windows 3.0 zur Verfügung.

Sie stellt den einfachsten Aufruf für ein Programm während der Laufzeit dar. Hierbei wird dem Pointer, im Beispiel Pchar genannt, das Ende des ASCII-Zeichens als Null signalisiert.

Die Prozedur erzeugt also einen Zeiger Pchar und übergibt den Ausdruck an WinExec. Hierüber wird dann das entsprechende Programm gestartet.

8.5.5 Die CreateProcess-Funktion

Die CreateProcess-Funktion stellt eine reine 32-Bit-Funktion dar. Diese Funktion kann bis zu zehn Steuerparameter beanspruchen.

In der Beispielanwendung wird eine TStartupInfo-Struktur initialisiert, die ihre Datenfelder mit dem Status und der Position des zu startenden Programms füllt.

Über zusätzliche Parameter können Sie die Prozesspriorität bestimmen.

8.5.6 Dynamic Link Libaries für Windows

Die API-Funktionen von Windows befinden sich innerhalb bestimmter Windows-Bibliotheken. Diese Bibliotheken werden Dynamic Link Libraries (DLL) genannt und enthalten die Funktionen, auf die der Benutzer zugreifen kann. Dabei wird die ganze Systemfunktionalität von Windows bis auf wenige Ausnahmen in diesen Bibliotheken (DLL) zur Verfügung gestellt. Es gibt allerdings auch ein paar EXE-Dateien, die anderen Anwendungen Funktionen zur Verfügung stellen. Dabei reicht es in der Regel aus den Modulnamen anzugeben.

Die von Windows bekanntesten DLL´s stehen sofort nach dem Start von Windows zur Verfügung. In ihnen ist auch der größte Teil der Windows - API definiert. Die drei wichtigsten sind dabei:

- Kernel32.DLL
- User32.DLL
- GDI32.DLL

Diese drei MODULE enthalten hunderte von API-Funktionen und führen dabei folgende Hauptaufgaben durch:

Kernel32.DLL

In der Kernel32.DLL-Bibliothek finden Sie alle Funktionen, die zur Speicher- und Ressourcen-Verwaltung, also zu den elementaren Funktionen des Betriebssystems gehören.

Unter anderem werden hier aber auch Funktionen für das preemptive Multitasking bereitgestellt. Dabei wird beim preemptive Multiasking die gesamte Rechenzeit in Form einer Zeitscheibe auf die unterschiedlichen Programme verteilt.

Dabei haben Sie als Programmierer durch eine Änderung der Aufteilung der Zeitscheibe die Möglichkeit, privilegierteren Programmen mehr Rechenzeit zur Verfügung zu stellen und diese daher effektiv schneller arbeiten zu lassen.

User32.DLL

In der USER32.DLL-Bibliothek werden Funktionen für die Erzeugung von Fenstern zu deren Manipulation oder zum Entfernen zur Verfügung gestellt. Die Bibliothek verwaltet außerdem sämtliche Eingaben, die über die Tastatur oder Maus vorgenommen werden, und unterstützt den Nachrichtenfluss und die Menüs.

GDI32.DLL

In der GDI32.DLL-Bibliothek, GDI steht für Graphics-Device-Interface, werden alle Funktionen für die grafische Oberfläche und die Ausgaben bereitgestellt.

Handles

Unter Windows-95 werden Fenster, Mauszeiger und vieles mehr durch sogenannte Handles dargestellt. Handles ermöglichen es dem Speichermanager von Windows-95 festzustellen, wo sich ein bestimmtes Objekt zur Zeit des Zugriffs befindet. Da Windows bei Bedarf Speicherbereiche auf die Festplatte auslagert, befinden sich damit nicht immer alle benötigten Objekte im Arbeitsspeicher des Computers.

8.5.7 API-Funktionen finden

Leider ist der Einstieg in die Systemprogrammierung unter Windows 95,98 und NT durch ein recht hohes Informationsdefizit sehr schwierig.

Die notwendigen Informationen über die API-FUNKTIONEN sind zwar in entsprechenden Handbüchern der Firma Microsoft zu finden, diese sind jedoch zum Teil für den Anwender unvollständig und schwer verständlich beschrieben.

Achten Sie daher auf Fachartikel in Computerzeitschriften und Büchern zu diesem Thema.

8.6 Verkaufsanalyse

In dem Formular Verkaufsanalyse benutzen Sie ein Kartensinnbild der BRD in Verbindung mit der Image-Komponente.

Sie finden die Datei auf der entpackten Buchdiskette unter dem Namen Karte.bmp.

Bauen Sie das Formular wie in Abbildung 8.23 auf. Die Beschriftung in der Karte erfolgt über Label-Komponenten, des weiteren benötigen Sie noch zwei Query und zwei DataSource-Komponenten zur Datensteuerung. Der Zugriff auf die Datenbanken erfogt mit Hilfe von SQL.

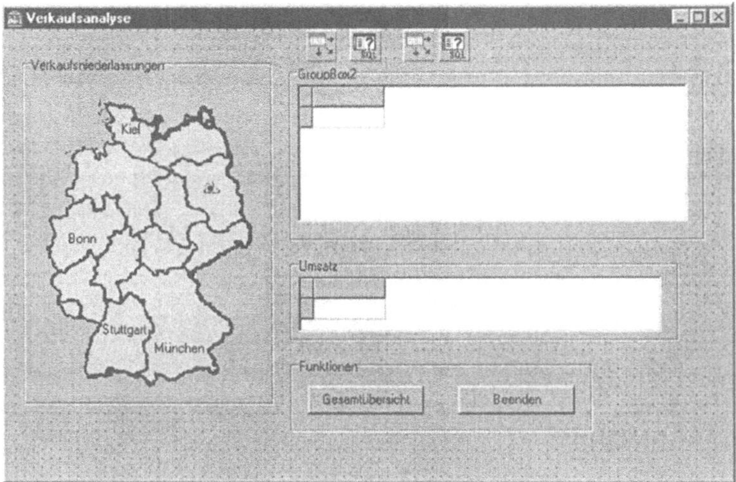

Abb. 8.23. Verkaufsanalyse

Tragen Sie daher für die verwendeten Prozeduren den folgenden Quellcode ein:

```
unit Unit2;

interface

uses
  Windows, Messages, SysUtils, Classes,
Graphics, Controls, Forms, Dialogs,
  Buttons, ExtCtrls, StdCtrls, Grids,
DBGrids, Db, DBTables;

type
  TForm2 = class(TForm)
```

```
    GroupBox1: TGroupBox;
    Image1: TImage;
    Label1: TLabel;
    Label2: TLabel;
    Label3: TLabel;
    Label4: TLabel;
    GroupBox2: TGroupBox;
    DBGrid1: TDBGrid;
    Query1: TQuery;
    DataSource1: TDataSource;
    GroupBox3: TGroupBox;
    DBGrid2: TDBGrid;
    Query2: TQuery;
    DataSource2: TDataSource;
    GroupBox4: TGroupBox;
    Button1: TButton;
    Button2: TButton;
    procedure Label1Click(Sender: TObject);
    procedure FormCreate(Sender: TObject);
    procedure Button2Click(Sender: TObject);
    procedure Button1Click(Sender: TObject);
    procedure Label2Click(Sender: TObject);
    procedure Label3Click(Sender: TObject);
    procedure Label4Click(Sender: TObject);
  private
    { Private-Deklarationen}
  public
    { Public-Deklarationen}
  end;

var
  Form2: TForm2;

implementation

uses Unit3;

{$R *.DFM}

procedure TForm2.Label1Click(Sender: TOb-
ject);
var SqlAbfrage : String;
begin
 GroupBox2.Caption :=' ';
 GroupBox2.Caption :='Niederlassung Kiel';
 // Erste SQL-Abfrage
 With Query1 do begin
   Close;
```

```
   SqlAbfrage := 'Select * From
"C:\Daten\Kiel.db"';

 With SQL do begin
   Clear;
   Add(SqlAbfrage);
   end;
 Open;
 end;
 // Zweite SQL-Abfrage Produktsumme errech-
nen
 With Query2 do begin
   Close;
   SqlAbfrage := 'Select
SUM(Produkt_1),SUM(Produkt_2),SUM(Produkt_3)
From "C:\Daten\Kiel.db"';

 With SQL do begin
   Clear;
   Add(SqlAbfrage);
   end;
 Open;
 end;
end;

procedure TForm2.FormCreate(Sender: TOb-
ject);
begin
 GroupBox2.Caption :='';
end;

procedure TForm2.Button2Click(Sender: TOb-
ject);
begin
 Close;
end;

procedure TForm2.Button1Click(Sender: TOb-
ject);
begin
 Form3.Show;
end;

procedure TForm2.Label2Click(Sender: TOb-
ject);
var SqlAbfrage : String;
begin
 GroupBox2.Caption :=' ';
 GroupBox2.Caption :='Niederlassung Bonn';
```

```
 // Erste SQL-Abfrage
 With Query1 do begin
   Close;
   SqlAbfrage := 'Select * From
"C:\Daten\Bonn.db"';

 With SQL do begin
   Clear;
   Add(SqlAbfrage);
   end;
 Open;
 end;
 // Zweite SQL-Abfrage Produktsumme errech-
nen
 With Query2 do begin
   Close;
   SqlAbfrage := 'Select
SUM(Produkt_1),SUM(Produkt_2),SUM(Produkt_3)
From "C:\Daten\Bonn.db"';

 With SQL do begin
   Clear;
   Add(SqlAbfrage);
   end;
 Open;
 end;
end;

procedure TForm2.Label3Click(Sender: TOb-
ject);
var SqlAbfrage : String;
begin
 GroupBox2.Caption :=' ';
 GroupBox2.Caption :='Niederlassung Stutt-
gart';
 // Erste SQL-Abfrage
 With Query1 do begin
   Close;
   SqlAbfrage := 'Select * From
"C:\Daten\Stuttgart.db"';

 With SQL do begin
   Clear;
   Add(SqlAbfrage);
   end;
 Open;
 end;
 // Zweite SQL-Abfrage Produktsumme errech-
nen
```

```
 With Query2 do begin
   Close;
   SqlAbfrage := 'Select
SUM(Produkt_1),SUM(Produkt_2),SUM(Produkt_3)
From "C:\Daten\Stuttgart.db"';
 With SQL do begin
   Clear;
   Add(SqlAbfrage);
   end;
 Open;
 end;
end;

procedure TForm2.Label4Click(Sender: TOb-
ject);
var SqlAbfrage : String;
begin
 GroupBox2.Caption :=' ';
 GroupBox2.Caption :='Niederlassung Mün-
chen';
 // Erste SQL-Abfrage
 With Query1 do begin
   Close;
   SqlAbfrage := 'Select * From
"C:\Daten\München.db"';

 With SQL do begin
   Clear;
   Add(SqlAbfrage);
   end;
 Open;
 end;
 // Zweite SQL-Abfrage Produktsumme errech-
nen
 With Query2 do begin
   Close;
   SqlAbfrage := 'Select
SUM(Produkt_1),SUM(Produkt_2),SUM(Produkt_3)
From "C:\Daten\München.db"';

 With SQL do begin
   Clear;
   Add(SqlAbfrage);
   end;
 Open;
 end;
end;

end.
```

Wie Sie hier ersehen können, wurden die gezeigten Grundlagen aus Kapitel 7 umgesetzt.

8.6.1 Rechnen mit SQL

SQL erlaubt es Ihnen, eine Reihe von einfachen mathematischen Operatoren durchzuführen, dazu gehören:

- SUM für die Summenbildung
- AVG für die Ermittlung des Mittelwertes
- MIN für Minimum
- MAX für Maximum
- COUNT für das Ermitteln der Anzahl (Zähler)

Die Angabe:

```
Select SUM(Produkt_1),SUM(Produkt_2)...
From "C:\Daten\München.db"
```

ermittelt die Gesamtsumme von Produkt 1 bis Produkt 3. Abbildung 8.24 zeigt das Ergebnis der Verkaufsanalyse.

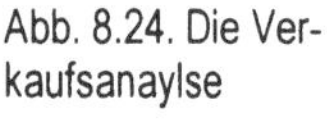

Abb. 8.24. Die Verkaufsanaylse

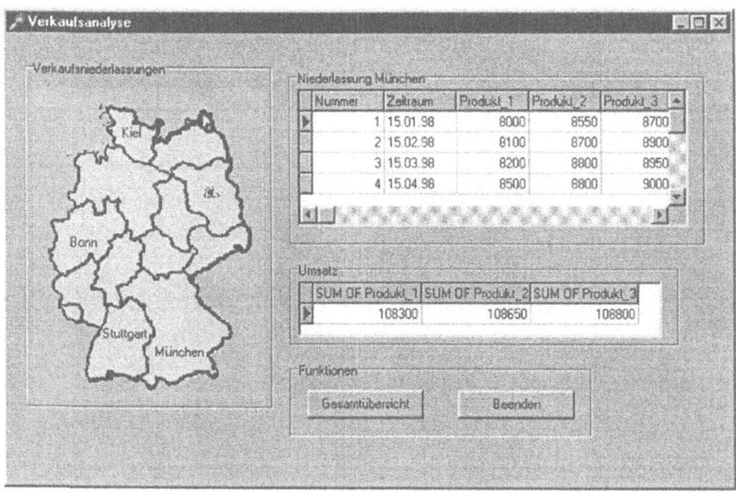

8.6.2 Die Gesamtübersicht

Die Prozedur TForm2.Button2Click ruft das dritte Formular auf. Hier wird die Gesamtübersicht der einzelnen Filialen aufgezeigt.

Die Musteranwendung zeigt die vorbereitete Lösung für die Niederlassung Kiel.

Erstellen Sie daher das entsprechende Formular und lassen Sie Ihre eigenen Lösungen mit einfließen.

Abb.: 8.25. Gesamtübersicht

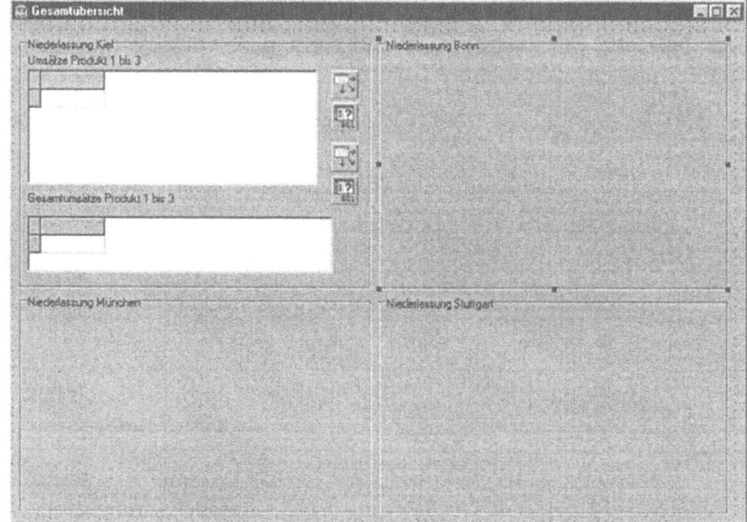

Da hier auch die Darstellung der Lösung über Query-Komponenten erfolgt, ist der Quellcode wie folgt dargestellt.

```
unit Unit3;

interface

uses
  Windows, Messages, SysUtils, Classes,
Graphics, Controls, Forms, Dialogs,
  StdCtrls, Grids, DBGrids, Db, DBTables;

type
  TForm3 = class(TForm)
    GroupBox1: TGroupBox;
    GroupBox2: TGroupBox;
    GroupBox3: TGroupBox;
    GroupBox4: TGroupBox;
```

```
    DataSource1: TDataSource;
    Query1: TQuery;
    DBGrid1: TDBGrid;
    Label1: TLabel;
    Label2: TLabel;
    DBGrid2: TDBGrid;
    DataSource2: TDataSource;
    Query2: TQuery;
    procedure FormCreate(Sender: TObject);
  private
    { Private-Deklarationen}
  public
    { Public-Deklarationen}
  end;

var
  Form3: TForm3;

implementation

{$R *.DFM}

procedure TForm3.FormCreate(Sender: TOb-
ject);
var NeueAbfrage  : String;

begin
 // Erste SQL-Abfrage Niederlassung Kiel
 With Query1 do begin
   Close;
   NeueAbfrage := 'Select Num-
mer,Produkt_1,Produkt_2,Produkt_3 From
"C:\Daten\Kiel.db"';

 With SQL do begin
   Clear;
   Add(NeueAbfrage);
   end;
 Open;
 end;
 // Zweite SQL-Abfrage Produktsumme errech-
nen
 With Query2 do begin
   Close;
   NeueAbfrage :='Select
SUM(Produkt_1),SUM(Produkt_2),SUM(Produkt_3)
From "C:\Daten\Kiel.db"';;
```

```
With SQL do begin
   Clear;
   Add(NeueAbfrage);
   end;
 Open;
 end;
end;

end.
```

8.7 Der Diagramm-Assistent

Für die Diagrammdarstellung der Produktumsätze der einzelnen Niederlassungen verwenden Sie in der Anwendung die ActiveX-Komponente TVtChart.

Erstellen Sie das Formular wie in Abbildung 8.26 dargestellt.

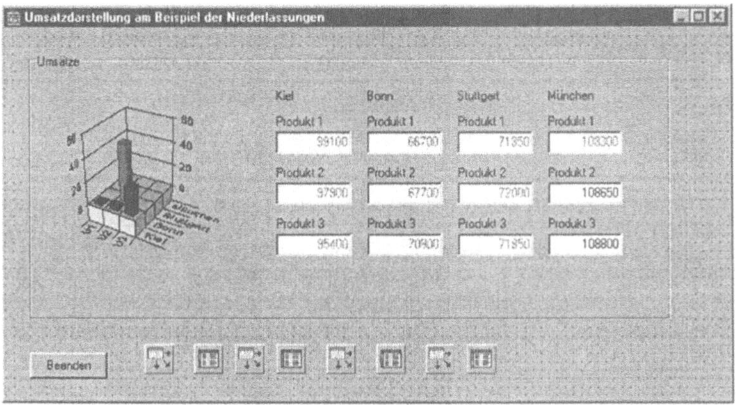

Abb. 8.26. Diagramm-Assistent

Die Darstellung der Werte in den DBEdir-Komponenten sollte für Sie keine Schwieigkeit mehr darstellen.

Für die TVtChart-Komponente legen Sie die folgenden Eigenschaften fest:

- Column = 4
- ColumnCount = 4
- Die einzelnen ColumnLabel = Kiel, Bonn, Stuttgart und München

Die weitere Festlegung der einzelnen Werte erfolgt zur Laufzeit.

- Für die Table-Komponente vergeben Sie als Eigenschaft DatabaseName den Ausdruck DBDemos und als TableName die entsprechende Datenbank, wie z.B. für Kiel:
- C:\Daten\Umsatz_Kiel.db

Die ActiveX-Komponente wird zur Laufzeit über den folgenden Programmcode initialisiert.

```
unit Unit4;

interface

uses
  Windows, Messages, SysUtils, Classes,
Graphics, Controls, Forms, Dialogs,
  StdCtrls, Db, DBTables, Mask, DBCtrls,
OleCtrls, vcfi;

type
  TForm4 = class(TForm)
    GroupBox1: TGroupBox;
    Button1: TButton;
    DataSource1: TDataSource;
    Table1: TTable;
    DBEdit1: TDBEdit;
    DBEdit2: TDBEdit;
    DBEdit3: TDBEdit;
    Label1: TLabel;
    Label2: TLabel;
    Label3: TLabel;
    VtChart1: TVtChart;
    Label4: TLabel;
    DataSource2: TDataSource;
    Table2: TTable;
    DBEdit4: TDBEdit;
    DBEdit5: TDBEdit;
    DBEdit6: TDBEdit;
    Label5: TLabel;
    Label6: TLabel;
    Label7: TLabel;
    Label8: TLabel;
    DataSource3: TDataSource;
    Table3: TTable;
    DBEdit7: TDBEdit;
    DBEdit8: TDBEdit;
    DBEdit9: TDBEdit;
    Label9: TLabel;
    Label10: TLabel;
```

```
    Label11: TLabel;
    Label12: TLabel;
    DataSource4: TDataSource;
    Table4: TTable;
    DBEdit10: TDBEdit;
    DBEdit11: TDBEdit;
    DBEdit12: TDBEdit;
    Label13: TLabel;
    Label14: TLabel;
    Label15: TLabel;
    Label16: TLabel;
    procedure Button1Click(Sender: TObject);
    procedure FormCreate(Sender: TObject);
  private
    { Private-Deklarationen}
  public
    { Public-Deklarationen}
  end;

var
  Form4: TForm4;

implementation

{$R *.DFM}

procedure TForm4.Button1Click(Sender: TOb-
ject);
begin
 Close;
end;

procedure TForm4.FormCreate(Sender: TOb-
ject);
begin
 with VtChart1 do
  begin
   Column :=1;
   Row :=1;
   Data := DBEdit1.Text;
   Row :=2;
   Data := DBEdit2.Text;
   Row :=3;
   Data := DBEdit3.Text;
 end;
 With VtChart1 do
  begin
   Column :=2;
   Row :=1;
```

```
        Data := DBEdit4.Text;
        Row :=2;
        data := DBEdit5.Text;
        Row :=3;
        Data := DBEdit6.text;
      end;
       With VtChart1 do
       begin
        Column :=3;
        Row :=1;
        Data := DBEdit7.Text;
        Row :=2;
        data := DBEdit8.Text;
        Row :=3;
        Data := DBEdit9.text;
       end;
       With VtChart1 do
       begin
        Column :=4;
        Row :=1;
        Data := DBEdit10.Text;
        Row :=2;
        data := DBEdit11.Text;
        Row :=3;
        Data := DBEdit12.text;
       end;
     end;

     end.
```

Abbildung 8.27 zeigt das fertige Formular zur Laufzeit.

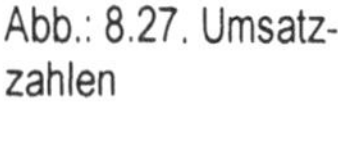
Abb.: 8.27. Umsatzzahlen

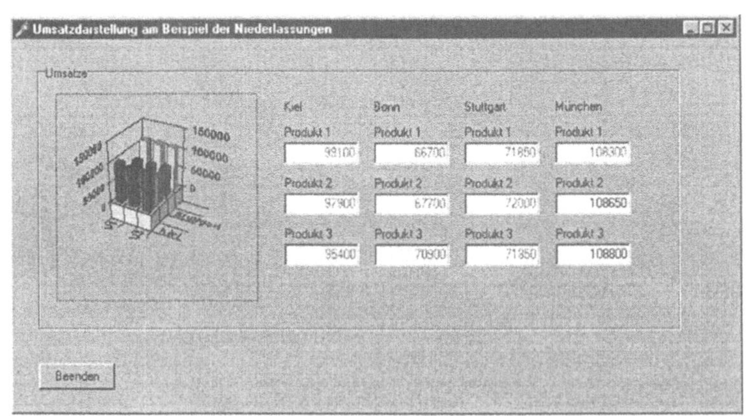

8.8 Der Berichts-Assistent

Der Berichts-Assistent öffnet das Formular Nummer fünf, das es dem Anwender ermöglichen soll, einen Report für die jeweilige Niederlassung zu erstellen.

Auch hier ist das Beispiel für die Niederlassung Kiel beschrieben, lassen Sie auch hier wieder Ihre eigenen Vorstellungen und Möglichkeiten einfließen.

Abbildung 8.28 stellt das Formular Berichte erstellen dar.

Abb.: 8.28 Berichte erstellen

Vervollständigen Sie hierfür den entsprechenden Programmcode:

```
unit Unit5;

interface

uses
  Windows, Messages, SysUtils, Classes,
Graphics, Controls, Forms, Dialogs,
  StdCtrls;

type
  TForm5 = class(TForm)
    GroupBox1: TGroupBox;
```

```
      Button1: TButton;
      Button2: TButton;
      Button3: TButton;
      Button4: TButton;
      Button5: TButton;
      Button6: TButton;
      procedure Button1Click(Sender: TObject);
      procedure Button2Click(Sender: TObject);
    private
      { Private-Deklarationen}
    public
      { Public-Deklarationen}
    end;

var
  Form5: TForm5;

implementation

uses Unit6;

{$R *.DFM}

procedure TForm5.Button1Click(Sender: TOb-
ject);
begin
 Close;
end;

procedure TForm5.Button2Click(Sender: TOb-
ject);
begin
 Form6.QuickRep1.Preview;
end;

end.
```

8.9 Der Report

Fertigen Sie für das Formular sechs den abgebildeten Report an. Die Grundlagen dafür haben Sie im Kapitel 3 kennengelernt.

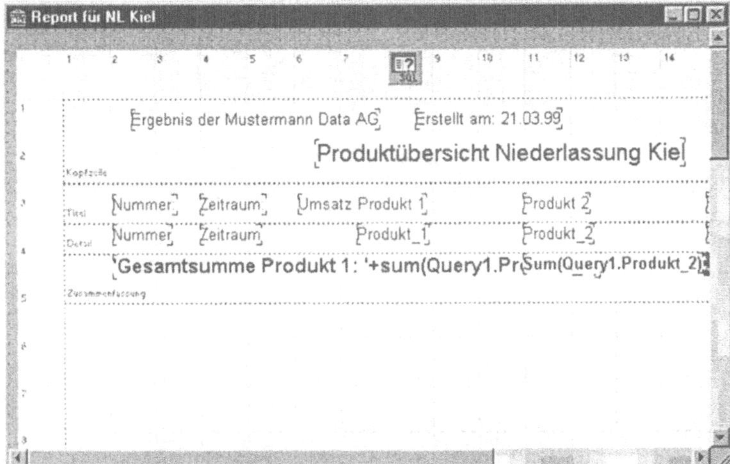

Abb.: 8.29. Der Report

Die Datenbank-Verknüpfung wird hier allerdings über eine Query-Komponente vorgenommen. Rufen Sie dort unter der Eigenschaft SQL den Stringlisten-Editor auf und tragen Sie den abgebildeten SQL-String ein.

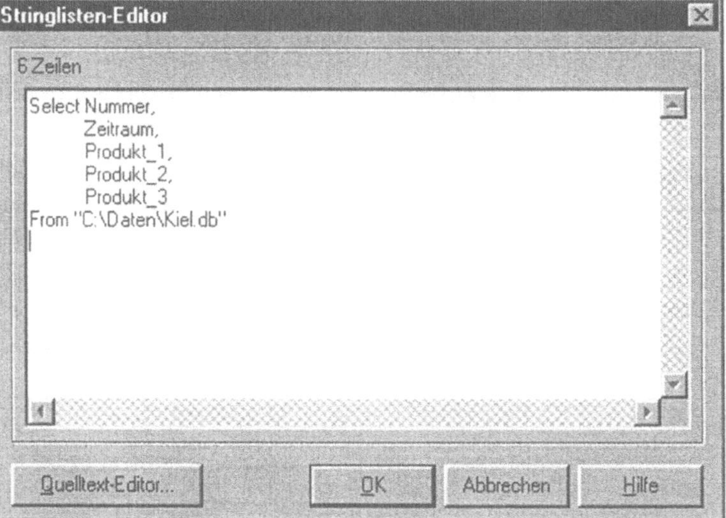

Abb.: 8.30. SQL-String

Achten Sie darauf, dass die einzelnen Feldnamen untereinander aufgeführt werden. Dadurch ist es hinterher auch möglich, SQL-Berechnungen auf die einzeln aufgeführten Felder durchzuführen.

Für die Gesamtsumme und die Einzelsummen der Produkte benutzen Sie bitte die QRExpr-Komponente aus der Seite QReport und rufen dort über die Eigenschaft Expression den Ausdrucks-Experten auf.

Abb.: 8.31. Experte

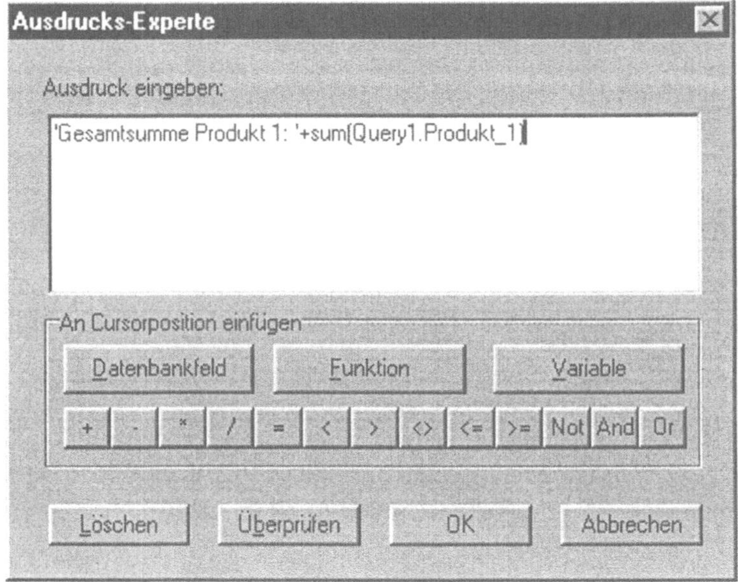

Tragen Sie für die Gesamtsumme den abgebildeten Ausdruck ein.

- Für die Komponenten QRExpr2 und QRExpr3 benutzen Sie den nachfolgenden Ausdruck aus Abbildung 8.32.

Variieren Sie den Report für die Niederlassungen nach Ihren eigenen Wünchen und Vorstellungen. Die nachfolgende Abbildung zeigt das entsprechende Ergebnis der Anwendung.

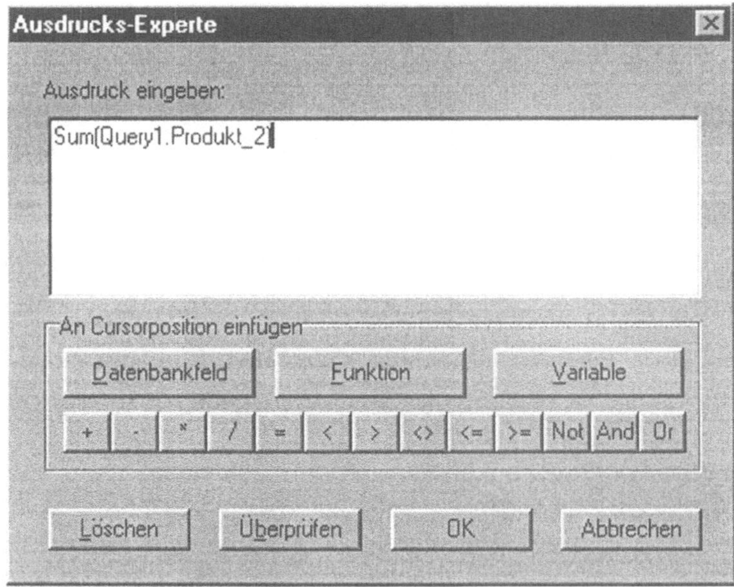

Abb. 8.32. SQL-Ausdruck

Print Preview

Close

Ergebnis der Mustermann Data AG   Erstellt am: 21.03.99

Produktübersicht Niederlassung Kiel

Nummer	Zeitraum	Umsatz Produkt 1	Produkt 2	Produkt 3
1	15.01.98	7500	7600	7000
2	15.02.98	7600	7600	7100
3	15.03.98	7700	7650	7200
4	15.04.98	8000	7800	7500
5	15.05.98	7900	7850	7600
6	15.06.98	8000	7900	7900
7	15.07.98	9000	8500	8200
8	15.08.98	8600	8600	8500
9	15.09.98	8700	8500	8600
10	15.10.98	8800	8600	8700
11	15.11.98	8700	8700	8500
12	15.12.98	8600	8600	8600
Gesamtsumme Produkt 1: 99100			97900	95400

Page 1 of 1

Abb. 8.33. Der Report

8.10 Das Mitarbeiter-Formular

Das Formular sieben soll eine Möglichkeit zum Suchen, Ändern und Ersetzen von Mitarbeiterdaten zur Verfügung stellen.

Hierbeit wird auf die Datenbank Mitarbeiter.db zugegriffen. Die Datenbank ist aufgebaut wie in Abbildung 8.34 dargestellt.

Abb.: 8.34 Mitarbeiterdaten

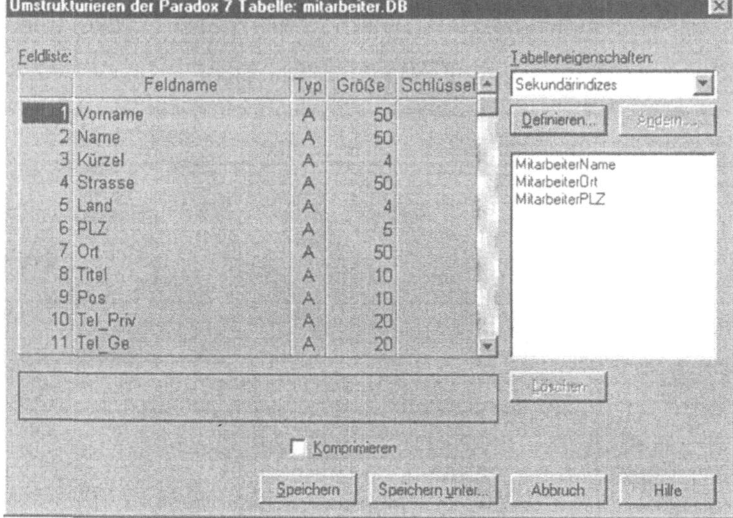

Wie Sie erkennen können, sind hier Sekundärindizes vergeben worden. Diese ermöglichen Ihnen das Suchen und Sortieren von Datensätzen.

Das Personaldatenformular sollte so aufgebaut werden wie es in Abbildung 8.35 vorgestellt wird.

Abb. 8.35 Formular

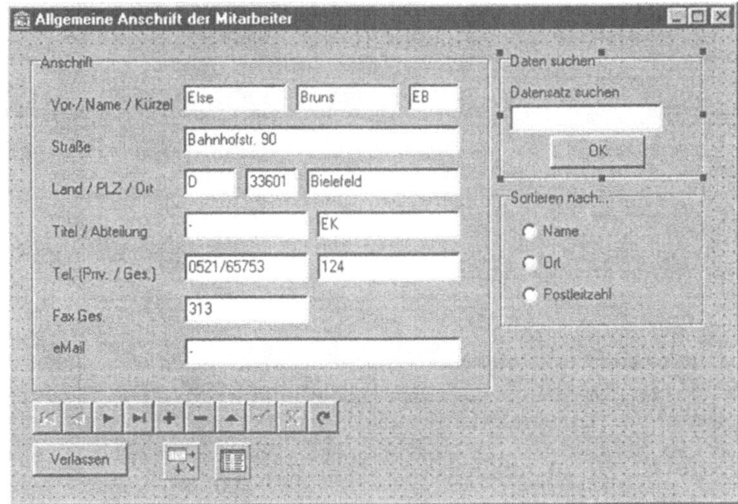

Als Quellcode werden folgende Prozeduren hinterlegt:

```
unit Unit7;

interface

uses
  Windows, Messages, SysUtils, Classes,
Graphics, Controls, Forms, Dialogs,
  ExtCtrls, DBCtrls, StdCtrls, Mask, Db,
DBTables;

type
  TForm7 = class(TForm)
    GroupBox1: TGroupBox;
    Label1: TLabel;
    Label2: TLabel;
    Label3: TLabel;
    Label4: TLabel;
    Label5: TLabel;
    Label6: TLabel;
    Label7: TLabel;
    Button1: TButton;
    DataSource1: TDataSource;
    Table1: TTable;
    DBEdit1: TDBEdit;
    DBEdit2: TDBEdit;
    DBEdit3: TDBEdit;
```

```
    DBEdit4: TDBEdit;
    DBEdit5: TDBEdit;
    DBEdit6: TDBEdit;
    DBEdit7: TDBEdit;
    DBEdit8: TDBEdit;
    DBEdit9: TDBEdit;
    DBEdit10: TDBEdit;
    DBEdit11: TDBEdit;
    DBEdit12: TDBEdit;
    DBEdit13: TDBEdit;
    DBNavigator1: TDBNavigator;
    GroupBox2: TGroupBox;
    Label8: TLabel;
    Edit1: TEdit;
    RadioGroup1: TRadioGroup;
    RadioButton1: TRadioButton;
    RadioButton2: TRadioButton;
    RadioButton3: TRadioButton;
    Button2: TButton;
    procedure Button1Click(Sender: TObject);
    procedure Button2Click(Sender: TObject);
    procedure RadioButton1Click(Sender: TOb-
ject);
    procedure Sortieren(Sender: TObject);
    procedure RadioButton2Click(Sender: TOb-
ject);
    procedure RadioButton3Click(Sender: TOb-
ject);
  private
    { Private-Deklarationen}
  public
     Index : Integer;
    { Public-Deklarationen}
  end;

var
  Form7: TForm7;

implementation

{$R *.DFM}

procedure TForm7.Button1Click(Sender: TOb-
ject);
begin
 Close;
end;
```

```
procedure TForm7.Button2Click(Sender: TOb-
ject);
begin
 Table1.FindNearest([Trim(Edit1.Text)]);
end;

procedure TForm7.RadioButton1Click(Sender:
TObject);
begin
    Index :=1;
    Sortieren(Sender);
end;

procedure TForm7.Sortieren(Sender: TObject);
begin
  with Table1 do
   If Index = 1 Then IndexName
:='MitarbeiterName'
   else If Index = 2 Then IndexName
:='MitarbeiterOrt'
   else If Index = 3 Then IndexName
:='MitarbeiterPLZ';
end;

procedure TForm7.RadioButton2Click(Sender:
TObject);
begin
  Index :=2;
  Sortieren(Sender);
end;

procedure TForm7.RadioButton3Click(Sender:
TObject);
begin
  Index :=3;
  Sortieren(Sender);
end;

end.
```

8.10.1 Sortieren

Das Sortieren erfolgt in diesem Beispiel über die Prozedur Sortieren. Hier wird einfach auf den Sekundärindex der Datenbank zugegriffen und danach sortiert.

8.10.2 Suchen von Datensätzen

Das Suchen von Datensätzen ist leider keine Standardfunktion der DBNavigator-Komponente.

In der Musteranwendung wird die Suche über die Methode FindNearest gelöst. Der Nachteil der FindNearest-Methode ist, dass die Suchbegriffe als Parameter in Form eines Sets übergeben werden müssen.

Setzt sich ein Schlüssel beispielsweise aus mehreren Feldern zusammen, so muss er auch in der richtigen Reihenfolge übergeben werden.

AppendRecord

Für das Einfügen zur Laufzeit stehen Ihnen unter Delphi die schon beschriebene Methode Post zur Verfügung. Alternativ können Sie auch AppendRecord oder InsertRecord benutzen.

Delete

Der Befehl Delete ermöglicht Ihnen zur Laufzeit das Löschen des aktuellen Datensatzes, der daraufhin nicht mehr angezeigt wird.

Wichtig

Gelöschte Datensätze werden aus der Tabelle nicht entfernt, sondern markiert und beim nächsten Einfügen überschrieben.

Abbildung 8.36 zeigt Ihnen das vollständige Formular der Mitarbeiterdaten zur Laufzeit.

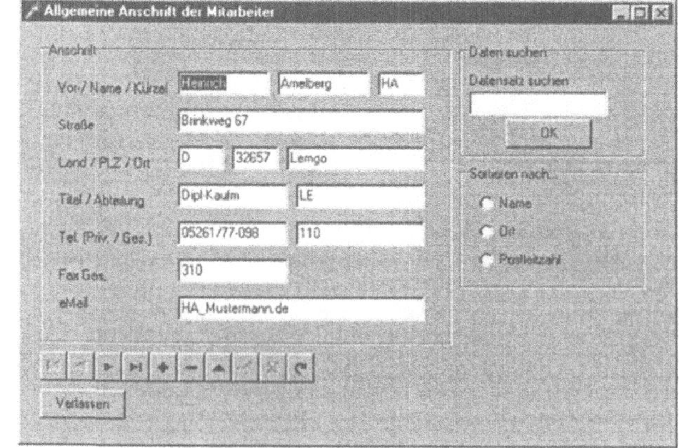

Abb.: 8.36. Mitarbeiterdaten

8.11 Empfehlungen für die Gestaltung einer Anwenderschnittstelle

Ihre Anwendung steht und fällt mit der Anwenderschnittstelle. Beachten Sie daher für Ihre Anwendungen noch die nachfolgenden Punkte :

- Verwenden Sie ein Hauptsteuerungsformular.
- Unterteilen Sie Ihre Anwendung in logische Hauptbestandteile und erstellen Sie hierfür separate Formulare.
- Machen Sie die Navigationswege durch Ihre Anwendung deutlich.
- Formatieren Sie nummerische Daten um sie leichter lesbar zu machen.
- Vermeiden Sie überladene Formulare.
- Erstellen Sie Assistenten für mehrschrittige Prozesse.

8.12 Programmgeschwindigkeit

Beachten Sie bitte bei der Programmentwicklung, dass durch sorgfältiges Auswählen einer entsprechenden Sortier- bzw. Suchmethode sich die Ausführungsgeschwindigkeit enorm steigern lässt.
Daher sollten Sie sich genau überlegen, welches Verfahren Sie einsetzen wollen. Bedenken Sie auch den Einsatz von IF-Abfragen und mathematischen Berechnungen.

9. Internet und Intranet

Das folgende Kapitel beschreibt einige Grundsätze zur Programmierung im Inter- und Intranet.

9.1 Internet

Das Internet stellt den weltumspannenden Verbund von Netzen und Rechnern dar. Den Zugang zum Internet stellt dabei ein Internet-Service-Provider zur Verfügung.

Dadurch entsteht ein Netz, das den Austausch von Daten zwischen den vernetzten Computern ermöglicht. Die Informationen werden dabei auf einem Web-Server im Internet bereitgestellt und können vom Anwender über einen Web-Browser abgerufen werden.

Um den ablaufenden Datenverkehr im Internet zu regeln, werden bestimmte Protokolle verwendet.

9.2 Intranet

Der Begriff Intranet bezieht sich immer auf das lokale Netzwerk eines Unternehmens.

Das Intranet arbeitet gemäß der Client / Server-Architektur. Auch hier ist es möglich über Web-Browser Informationen auszutauschen.

Das Intranet benötigt hierfür das Protokoll TCP/IP, wie das Internet. Steht dieses Protokoll nicht zur Verfügung, so spricht man auch nicht von einem Intranet.

Das Intranet ist also ein lokales Netzwerk, in dem das Übertragungsprotokoll TCP/IP und Web-Server bzw. Web-Clients zum Einsatz kommen.

9.3 Transportprotokolle

Wie beschrieben benötigt das Internet und Intranet für den Datenverkehr sogenannte Protokolle (Transportprotokolle). Beiden gemeinsam ist das TCP/IP-Protokoll.

Unter Delphi brauchen Sie sich aber mit diesen Protokollen nicht direkt auseinander zu setzen. Die Wichtigsten stehen Ihnen als Komponenten auf der Internet-Seite zur Verfügung.

9.3.1 Protokollhierarchie

Die benutzen Protokolle im Inter- und Intranet bauen sich nach dem OSI-Schichtenmodell der ISO auf.

Die wichtigsten von Delphi verwendeten Protokolle für Internet und Intranet-Applikationen sind:

- TCP/IP => Transmission Control Protocol / Internet Protocol
- HTTP => Hypertext Transfer Protocol
- FTP => File Transfer Protocol

Verteilte Anwendung

Diese Protokolle bzw. auch die zur Verfügung stehenden Komponenten erlauben es Ihnen in Delphi auch verteilte Applikationen zu entwickeln. Dazu gehören:

- Com- und Dcom-Anwendungen
- Corba-Anwendungen
- Datenbankanwendungen

9.4 Die wichtigsten Internet-Komponenten

In diesen Abschnitt werden die wichtigsten Internet-Komponenten für den Aufbau von Kommunikationsabläufen im Inter- und Intranet vorgestellt.

Sie benötigen für diesen Abschnitt aber mindestens die Professional-Version von Delphi 4.0 .

NMFTP

FTP steht für File Transfer Protocol, hierbei handelt es sich um ein unsichtbares ActiveX-Steuerelement.

Dieses Steuerelement erlaubt das Herauf- sowie das Herunterladen zwischen lokalen und entfernten Rechnern.

Unter Abschnitt 9.7 finden Sie ein entsprechendes Beispiel zu der FTP-Komponente.

NMHTTP

Auch bei der HTTP-Komponente handelt es sich um ein unsichtbares ActiveX-Steuerelement, das den HTTP-Protokoll-Client implementiert.

NNTP

Das unsichtbare ActiveX-Steuerelement NNTP erlaubt es der Anwendung zur Laufzeit auf einen NNTP-News-Server zuzugreifen.

Neben den Methoden zum Einlesen der News-Gruppen verfügt die NNTP-Komponente auch über einfache Methoden zum Senden und Empfangen von Dokumenten.

NMPOP3

Die Komponente POP stellt ein unsichtbares ActiveX-Steuerelemet dar, das es ermöglicht, Post von Unix oder anderen Servern zu empfangen.

Diese müssen aber das POP 3-Protokoll unterstützen.

NMSMTP

Die unsichtbare ActiveX-Komponente SMTP ermöglicht es Ihnen, auf einen SMTP-Mail-Server zuzugreifen.

NMUDP

Diese unsichtbare Winsock-ActiveX-Steuerelement-Komponente ermöglicht den Zugriff auf UDP, User Datagramm Protocol, Netzwerkdienst.

Diese Komponente implementiert Winsock sowohl für den Client wie auch für den Server.

HTML

Dieses sichtbare ActiveX-Steuerelement ermöglicht die Darstellung von HTML-Dokumenten.

Dabei wird das Anfordern, das Einpassen und Anzeigen von der Komponente automatisch erledigt.

Sie brauchen nur zur Laufzeit über die Methode RequestDoc() die Internetadresse, also die URL (Uniform Resource Locator) des angeforderten Dokuments aufzurufen.

Abschnitt 9.6 zeigt den Aufbau eines sehr einfachen Web-Browser mit Hilfe dieser Komponente.

9.5 Internet-Link

Die einfachste Methode, ins Internet zu kommen, ist Ihre Anwendung mit einem entsprechenden Link auszustatten.

Abbildung 9.1 zeigt ein Formular mit einer Label- und einer Button-Komponente.

Abb.: 9.1. So kommen Sie ins Web

Als Caption-Eigenschaft wurde hier die Internetadresse angegeben. Der Aufruf der Verbindung erfolgt über die API-Funktion ShellExe.

Tragen Sie hierfür einfach folgenden Quellcode ein:

```
unit Unit1;

interface

uses
  Windows, Messages, SysUtils, Classes,
Graphics, Controls, Forms, Dialogs,
  StdCtrls,shellapi;

type
  TForm1 = class(TForm)
    Label1: TLabel;
    Button1: TButton;
    procedure Label1Click(Sender: TObject);
    procedure Button1Click(Sender: TObject);
  private
    { Private-Deklarationen}
  public
```

```
    { Public-Deklarationen}
  end;

var
  Form1: TForm1;

implementation

{$R *.DFM}

procedure TForm1.Label1Click(Sender: TOb-
ject);
begin
 shellexecu-
te(handle,'open',PChar(TLabel(Sender).Captio
n),nil,nil,SW_Show);
end;

procedure TForm1.Button1Click(Sender: TOb-
ject);
begin
 shellexecu-
te(handle,'open',PChar(TButton(Sender).Capti
on),nil,nil,SW_Show);
end;

end.
```

Beachten Sie bitte, dass als Unit Shellapi hinzugefügt wurde.

Nachdem Compilieren der Anwendung und dem Ausführen der entsprechenden Prozedur übergibt die API-Funktion die entsprechende Adresse an Ihren Web-Browser.

9.6 Delphi Web-Browser

Das folgende Beispielprogramm zeigt auf, wie einfach es ist, mit der HTML-Komponente einen eigenen Web-Browser zu erzeugen.

- Öffnen Sie eine neue Anwendung und vergeben Sie den Titel: Delphi Web-Browser.
- Fügen Sie dem Formular eine Panel-Komponente hinzu und setzen Sie die Align-Eigenschaft auf alTop und löschen Sie den Inhalt der Eigenschaft Caption.
- Setzen Sie eine Edit-Komponente und zwei Button-Komponenten in das Panel. Tragen Sie für die Text-Eigenschaft der Edit-Komponente http:// ein.
- Vergeben Sie für die Schaltflächen die Texte Starten und Beenden.
- Fügen Sie dem Formular noch eine StatusBar-Komponente hinzu und setzen Sie die Eigenschaft SimplePanel auf True.
- Setzen Sie jetzt die HTML-Komponente in das Formular und legen Sie die Align-Eigenschaft mit alClient fest.

Abbildung 9.2 zeigt das fertige Formular.

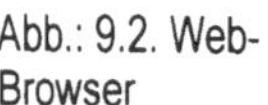
Abb.: 9.2. Web-Browser

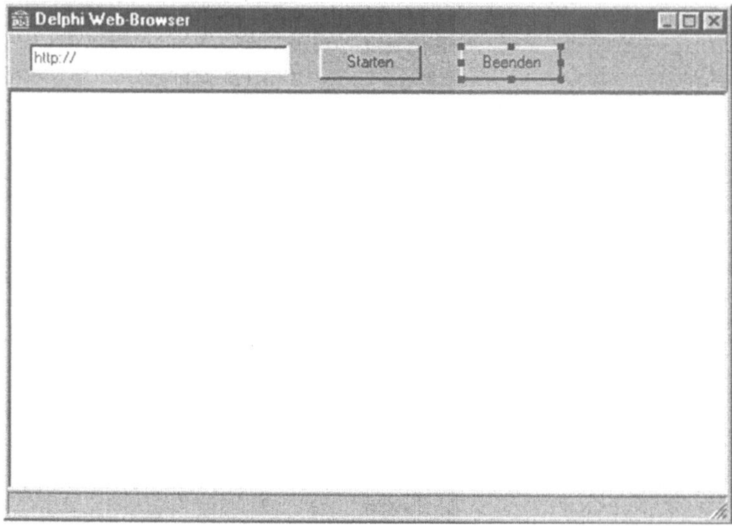

Legen Sie die folgenden Prozeduren fest:

```
unit Unit1;

interface

uses
  Windows, Messages, SysUtils, Classes,
Graphics, Controls, Forms, Dialogs,
  ComCtrls, OleCtrls, NMHTML, StdCtrls,
ExtCtrls;

type
  TForm1 = class(TForm)
    Panel1: TPanel;
    Edit1: TEdit;
    Button1: TButton;
    HTML1: THTML;
    StatusBar1: TStatusBar;
    Button2: TButton;
    procedure Button1Click(Sender: TObject);
    procedure HTML1BeginRetrieval(Sender:
TObject);
    procedure HTML1EndRetrieval(Sender: TOb-
ject);
    procedure Button2Click(Sender: TObject);
  private
    { Private-Deklarationen}
  public
    { Public-Deklarationen}
  end;

var
  Form1: TForm1;

implementation

{$R *.DFM}

procedure TForm1.Button1Click(Sender: TOb-
ject);
begin
 HTML1.RequestDoc(Edit1.Text);
end;

procedure TForm1.HTML1BeginRetrieval(Sender:
TObject);
begin
 StatusBar1.SimpleText :='Bitte warten! Sei-
te wird geladen';
```

```
 Edit1.Text := HTML1.Url;
end;

procedure TForm1.HTML1EndRetrieval(Sender:
TObject);
begin
 StatusBar1.SimpleText :='Geladen!';
end;

procedure TForm1.Button2Click(Sender: TOb-
ject);
begin
 Close;
end;

end.
```

Die Prozeduren BeginRetrieval und EndRetrieval erhalten Sie durch einen Doppelklick der Ereignisse der HTML-Komponente.

Wie Sie erkennen können, wird über die Methode RequestDoc das gewünschte HTML-Dokument geladen.

Wichtig

Damit die Anwendung funktioniert, muss unter Windows allerdings eine entsprechende Internet-Verbindung aufgebaut sein.

9.7 Eine FTP-Verbindung herstellen

Wie schon erwähnt, benötigen Sie das FTP-Protokoll zum Herauf- sowie zum Herunterladen von Dateien auf einem Web-Server.

Damit dies aber funktioniert, müssen Sie eine Verbindung zum Server aufbauen.

Benutzen Sie daher zum Verbindungsaufbau und abbau das folgende Beispielprogramm.

Abbildung 9.3 zeigt das entsprechende Formular, mit der NMFTP-Komponente.

Abb.: 9.3. FTP-Verbindung

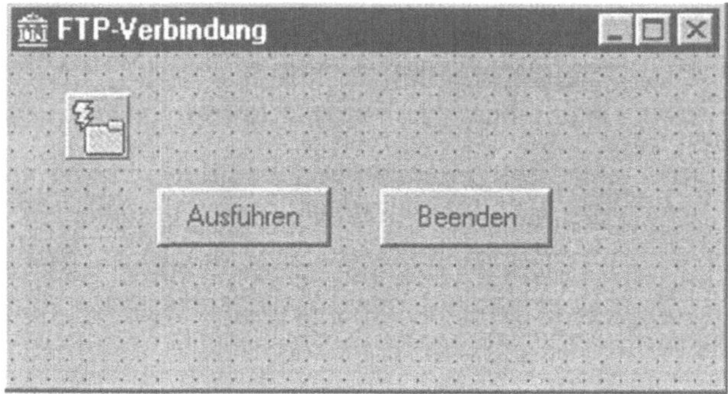

Fügen Sie für die Prozedur Button1Click den Programmcode für die FTP-Verbindung hinzu:

```
unit Unit1;

interface

uses
  Windows, Messages, SysUtils, Classes,
Graphics, Controls, Forms, Dialogs,
  StdCtrls, Psock, NMFtp;

type
  TForm1 = class(TForm)
    NMFTP1: TNMFTP;
    Button1: TButton;
    Button2: TButton;
    procedure Button1Click(Sender: TObject);
    procedure Button2Click(Sender: TObject);
  private
```

```
    { Private declarations }
  public
    { Public declarations }
  end;

var
  Form1: TForm1;

implementation

{$R *.DFM}

procedure TForm1.Button1Click(Sender: TOb-
ject);
begin
 with NMFTP1 do begin
  Host :='www.t-online.de';
  Port := 21;
  TimeOut := 20000;

  UserID :='0003456789';
  Password :='Himmel';

  Connect;
 end
end;

procedure TForm1.Button2Click(Sender: TOb-
ject);
begin
 NMFTP1.Disconnect;
 Close;
end;

end.
```

Über Host wird der entsprechende Server angesprochen, TimeOut 20000 bewirkt, dass nach 20 Sekunden erfolgloser Verbindungsaufnahme der Versuch abgebrochen wird.

Das Trennen der Verbindung erfolgt über die Prozedur Button2Click. Sie sehen, auch das Verbinden mit einem FTP-Server gestaltet sich unter Verwendung der richtigen Komponente sehr einfach.

9.8 Applikationen für Browser programmieren

Sie haben unter Delphi die Möglichkeit, mit Hilfe einer ActiveX-Komponente das von Ihnen entwickelte Formular in einem Browser darzustellen.

- Hierzu wählen Sie über Datei / Neu und dem Register ActiveX die ActiveForm-Komponente aus.

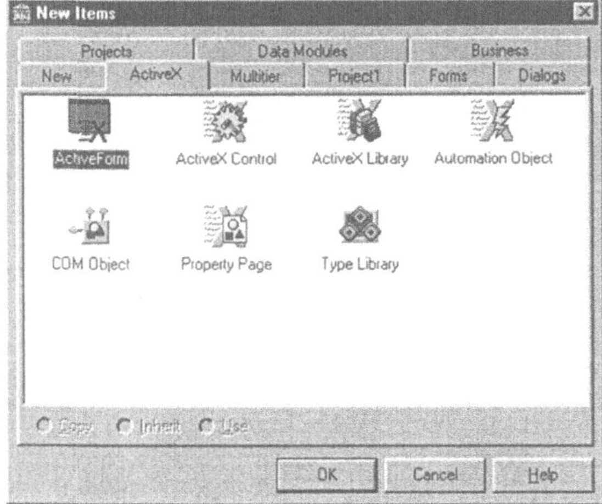

Abb. 9.4. ActiveForm

- Fügen Sie die ActiveForm-Komponente über den Assistenten hinzu.

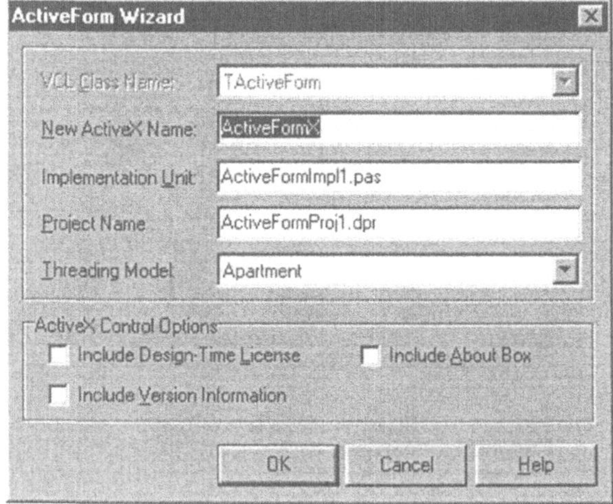

Abb. 9.6. Der Assistent

- Bestätigen sie die entsprechenden Einträge mit OK.
- Jetzt verfügt die Delphi-Entwicklungsumgebung über ein ActiveFormX-Objekt zur Darstellung von Web-Applikationen.
- Sie können auf diesem Formular jetzt Ihre entsprechende Anwendung erstellen.
- Richten Sie nach der Entwicklung unter Projekt / Web-Entwicklungs-Optionen die dazugehörigen Parameter der Anwendung ein.

Abb. 9.6 Projekt festlegen

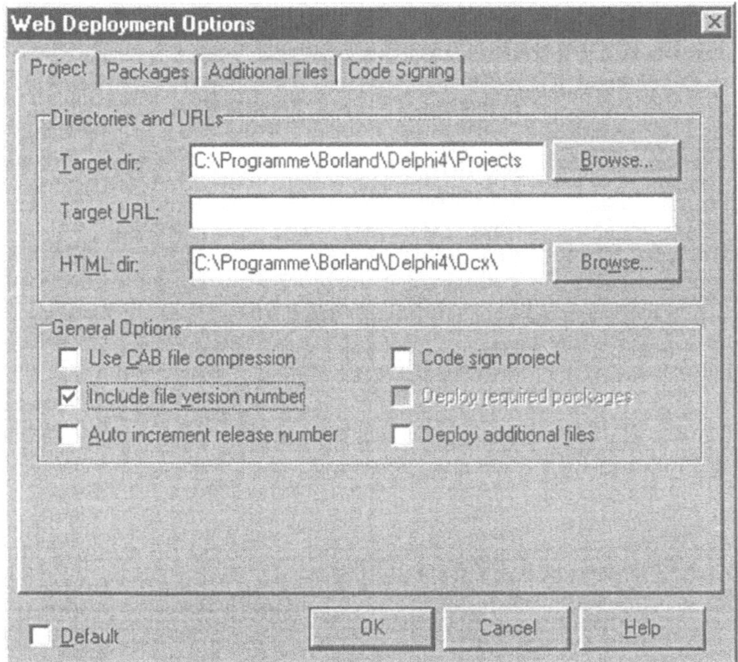

- Führen Sie danach unter Projekt die Funktion Web-Entwicklung aus, so steht Ihnen die Applikation als ActiveX-Formular für Ihren Web-Browser zur Verfügung.

Beachten Sie aber, dass der Browser eine Unterstützung für ActiveX liefert.

Weiterhin wünsche ich Ihnen viel Erfolg, Spaß und gutes Gelingen bei der Programmierung mit Delphi.

Sachwortverzeichnis

E

F

G

H

I

K

L

M

N

O